高等学校教材

Photoshop
图形图像处理

吴杰 马骏 林波 编

 化学工业出版社

北京

本书内容包括基础知识，绘图与图像编辑，图像的选择与变换，路径、形状与文字，图像的画面调节，图层与通道应用，滤镜的特殊效果，快速化操作，并配有课堂练习、综合练习和课后练习。书中的实例都是从实践中精心提炼，涵盖了学习Photoshop CS3的要点和难点。

本书可作为高等院校设计类专业的教材，也可供相关读者和设计人员参考。

图书在版编目(CIP)数据

Photoshop图形图像处理/吴杰，马骏，林波编.—北京：化学工业出版社，2009.2
高等学校教材
ISBN　978-7-122-04644-4

Ⅰ. P…　Ⅱ.①吴…②马…③林…　Ⅲ.图形软件，Photoshop-高等学校-教材　Ⅳ.TP391.41

中国版本图书馆CIP数据核字（2009）第004743号

责任编辑：金玉连　李玉晖　　　　　　　　装帧设计：尹琳琳
责任校对：李　林

出版发行：化学工业出版社(北京市东城区青年湖南街13号　邮政编码100011)
印　　装：化学工业出版社印刷厂
787mm×1092mm　1/16　印张10　字数194千字　2009年3月北京第1版第1次印刷

购书咨询：010-64518888 (传真：010-64519686)　售后服务：010-64518899
网　　址：http://www.cip.com.cn
凡购买本书，如有缺损质量问题，本社销售中心负责调换。

定　　价：25.00元　　　　　　　　　　　　　　　版权所有　违者必究

前　言

　　本书根据读者学习习惯进行编写，首先通过大量例证让读者对所学知识有一个明确的认知，然后通过基本知识、课堂练习、综合练习和课后练习相结合的方法使读者不断领悟提高。本书图文并茂、内容丰富、实用性强，不是简单地对功能进行罗列和概述，而是重点强调实用，突出实例，注重操作。对于每一个实例都有详细的讲解过程。只要认真按照书中的实例做一遍，就能在短时间内完全掌握 Photoshop CS3 的基本功能，熟练地应用该软件进行设计工作。

　　本书共分为 8 章，内容包括基础知识，绘图与图像编辑，图像的选择与变换，路径、形状与文字，图像的画面调节，图层与通道应用，滤镜的特殊效果，快速化操作。这些内容包含了 Photoshop CS3 各种菜单、面板的功能。书中的实例都是从实践中精心提炼出来的，涵盖了学习 Photoshop CS3 的要点和难点。本书中的许多方法都可以直接应用于实践，并可反复训练，以提高工作效率。

　　书中所用到的素材图像，读者可以通过书中配套光盘读取。在配套光盘中还有大量的图片素材，可以更好地帮助大家来实现自己的创意。

　　当然，尽管作者在本书的写作过程中付出了很多心血，并将多年从事 Photoshop 设计的经验毫无保留地奉献给了读者，但是由于作者水平有限，加之创作时间仓促，不足之处在所难免，敬请读者批评指正。

编　者

2008 年 11 月

目 录

第1章

基础知识

本章重点

- 学好Photoshop CS3的四点要求
- 使学生了解Photoshop CS3的学习方法
- 功能及工作环境的基本知识

本章难点

- 学好Photoshop CS3的功能简介
- 图像的基本概念
- Photoshop CS3界面组件

1.1 基本常识

1.1.1 学好Photoshop的4点要求

（1）要粗略掌握一些常见的计算机基础知识，如安装软件、打字、管理文件和排除简单的故障等。

（2）要熟悉软件的操作，拿到一个任务应马上知道需使用哪些操作命令、技能方法来实现创意。

（3）要有一定的审美知识，只会操作软件而不懂得起码的色彩、构图、造型等知识是无法独立承担设计任务的。

（4）要有一点非凡的创意，这得益于知识和经验的积累，文学、绘画、摄影、印刷、广告、网络……都需要涉猎。

1.1.2 Photoshop CS3系统要求

当前，在使用Photoshop软件制作图像的过程中，不仅有大量的信息需要存储，而且在每一步操作中都需要经过复杂的计算，才能改变图像的效果。所以，计算机配置的高低对于Photoshop软件的运行有着直接的影响。要使Photoshop CS3正常运行，系统的基本要求如下：

- ·Pentium MMX或P III以上的CPU
- ·至少512MB内存
- ·24位图形适配器及兼容显示器
- ·鼠标或其他定位设备及MO光碟机
- ·Windows 2000/XP及其以上操作系统
- ·如有条件可以配置扫描仪、彩色打印机

1.2 Photoshop CS3功能简介

Photoshop之所以受大家的欢迎，主要是因为它具有良好的操作环境和强大的功能设置，并且它能够很贴切地反映操作者的意图，是当今平面软件中的佼佼者。运行软件，用户可以很方便地进行"移动"、"旋转"、"抠图"、"裁截"、"合并"等操作；并且可以运用"图层"、"蒙板"、"路径"、"滤镜"等命令快速制作出各种效果；同时，它对文字处理的能力和绘图的能力也一样不可小窥。

1.2.1 良好的操作环境

在Photoshop CS3中，系统提供了一个工具箱和众多调板。在用户选中某个工具后，可以在工具属性栏里对该工具进行快速设置。如对编辑效果不满意，还可以利用历史记录调板对上面的步骤进行撤销，一般系统默认撤销步数为20步（可在编辑/首选项/性能/历史记录状态中具体设置撤销步数）。

Photoshop界面初掌握

启动Photoshop的基本方法是，单击桌面左下角的"开始"/"程序"，在程序菜单中选择Photoshop CS3 图标，或者在桌面上双击Photoshop CS3 图标，即可打开。

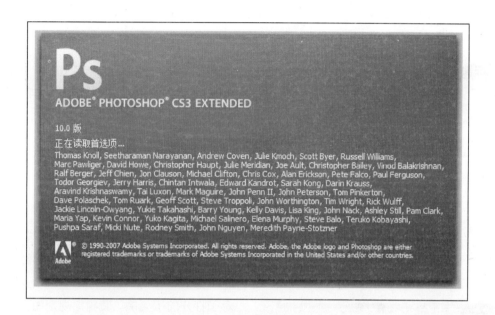

退出的常用方法是，选择"文件"菜单栏下的"退出"命令项，或者直接点击软件右上方的红色小叉。

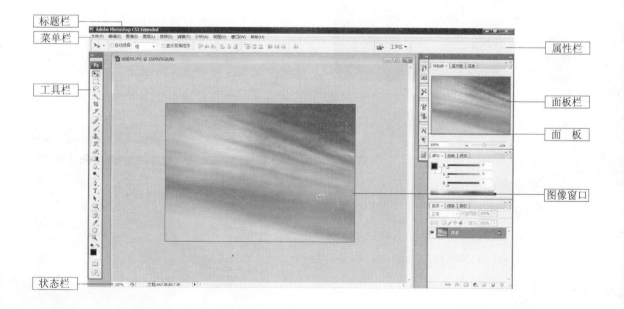

1.2.2 认识Photoshop界面组件

桌面环境包括标题栏、菜单栏、图像窗口、控制面板、状态栏、工具箱及工具属性栏，具体功能和用途如下。

标题栏

如下图所示，通过图像文档窗口的标题栏，您可以了解到图像相关的信息。比如：名称、显示大小、图像模式等。

Ps Adobe Photoshop CS3 Extended - [美丽的风景 @ 100%(RGB/8)]

菜单栏

如下图所示，和所有Windows应用软件一样，Photoshop也包括了一个提供主要功能的主菜单。要使用某个菜单，只需将鼠标移到菜单名上单击即可弹出该菜单，从中即可选择要使用的命令。

对于打开的子菜单，其约定规则如下。

如果某菜单项呈暗灰色，则该命令在当前编辑状态下不可用。

如果某个子菜单后面有箭头符号，则该菜单下还有子菜单。

如果某个子菜单后面有省略符号，则单击该菜单将会打开一个对话框。

如果某菜单项后面有组合键，则用户可以不用打开菜单，直接按组合键即可执行一命令。例如按Ctrl+O即可打开新的图像文件。

图像窗口

在Photoshop7.0中，用户可以同时打开多个图像文件，因此，程序窗口中就包含了多个图像窗口。用户可分别控制程序窗口和图像窗口的状态（最小、最大、还原或关闭）。

控制面板

控制面板可以完成各种图像处理操作和工具参数的设置，如可以用于选择颜色、图层编辑、显示信息等操作。控制面板是Photoshop操作系统的一大特色，Photoshop CS3提供了功能强大的面板功能。

各个面板的基本功能简介如下。

导航器面板： 用于显示图像的缩略图，可用来缩放显示比例，迅速移动图像显示内容。

直方图面板： 用于将图像的色彩分布情况显示出来，能直观地看到不同图像的色调调整情况。

信息面板： 用于显示鼠标所在位置的坐标值，以及鼠标当前位置的像素的色彩数值。当在图像中选取范围或进行图像旋转变形时，还会显示出所选取的范围大小和旋转角度等信息。

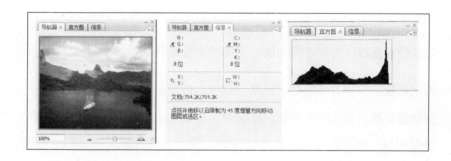

颜色面板： 用于选取或设定颜色，以便用于工具绘图和填充等操作。

色板面板： 功能类似颜色面板，用于颜色选择。

样式面板： 用于将预设的效果应用到图像中。

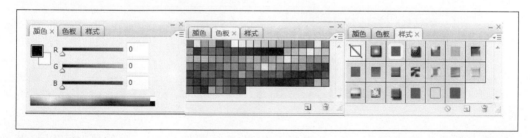

图层面板： 用于控制图层的操作。可以进行新建图层或合并图层等操作，并对图层赋予各种效果。

通道面板： 用于记录图像的颜色数据和保存蒙版内容。用户可以在通道面板中进行各种通道操作，如切换显示通道内容，安装、保存和编辑蒙版等。

路径面板： 用于建立矢量式的图像路径。

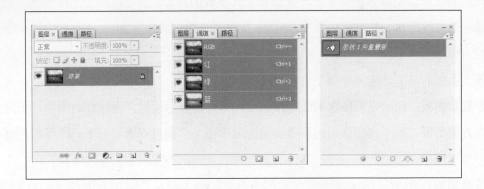

历史记录面板：用于恢复图像和指定恢复某一步操作。

动作面板：用于录制编辑操作的步骤，并用于批处理。

工具预设面板：用于选择和保存不同的工具设置。

画笔面板：用于对画笔笔尖形状、直径、杂点和柔和效果进行设置。

仿制源面板：与仿制图章共同使用，定义多个采样点，并对源进行编辑。

字符面板：用于对文字的大小、字体、间距、颜色、显示比例、粗细、斜切及下划线等进行设置。

段落面板：用于设置段落文本信息。

图层复合面板：用于保存图层和将不同图层进行组合。

　　控制面板最大优点是需要时可以打开以便进行图像处理，不需要时可以将其隐藏，以免因控制面板遮住图像而带来不便。要显示或隐藏控制面板，可以单击窗口菜单，点击某个需要显示或隐藏的面板名称即可；点击"窗口"/"工作区"/"复位调板位置"命令，可以将打乱的调板复位；点击"窗口"/"排列"命令，可以按照需要排列面板。

状态栏

位于窗口最底部，主要用于显示图像处理的各种信息。它共由三部分组成，最左边的是一个文本框，它用于控制图像窗口显示比例。用户可以直接在文本框中输入一个数值，然后按Enter键就可以改变图像窗口的显示比例。中间部分是显示图像文件信息的区域。单击其右边的小三角可以选择显示文件的不同信息。右边是一个工具注释框，它可以显示当前工具的基本用法。

工具箱及工具属性栏

工具箱：将常用的工具命令以图标的形式存储在工具箱中。用鼠标右键单击或按住工具箱右下角的三角符号，就会显示功能相似的隐藏工具。Photoshop CS3版本提供了长单条和短双条两种工具箱样式。当工具箱呈单排式（长单条），可点击工具栏上方的双三角符号，即可相互转换。

工具属性栏：用于设施在工具箱中选择的工具选项。根据所选工具的不同，提供的选项也有区别。

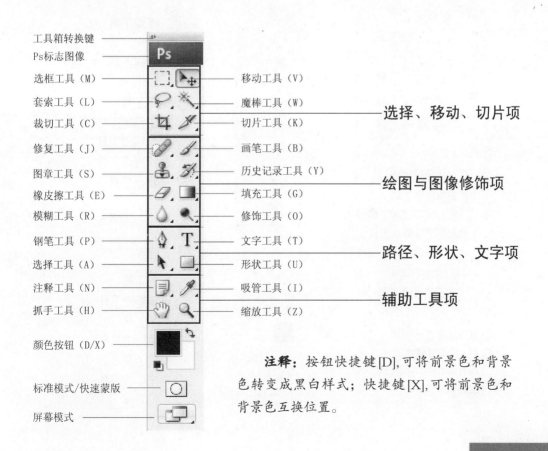

注释：按钮快捷键[D]，可将前景色和背景色转变成黑白样式；快捷键[X]，可将前景色和背景色互换位置。

工具箱工具大全

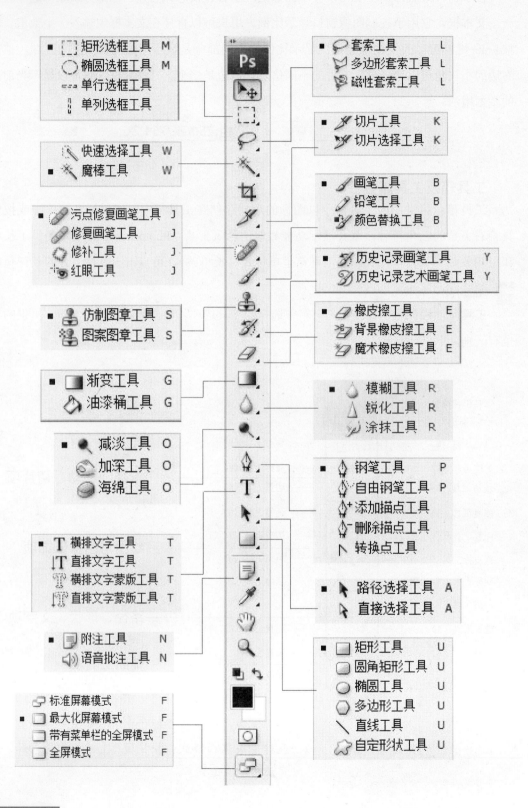

■ ⬚ 矩形选框工具　M
　 ○ 椭圆选框工具　M
　 ⸺ 单行选框工具
　 ⁝ 单列选框工具

　 ✎ 快速选择工具　W
■ ✱ 魔棒工具　　　W

■ ✐ 污点修复画笔工具　J
　 ✐ 修复画笔工具　　　J
　 ❖ 修补工具　　　　　J
　 ✛ 红眼工具　　　　　J

■ ♟ 仿制图章工具　S
　 ♟ 图案图章工具　S

■ ▭ 渐变工具　　G
　 ◺ 油漆桶工具　G

■ ● 减淡工具　　O
　 ◔ 加深工具　　O
　 ◯ 海绵工具　　O

■ T 横排文字工具　　　T
　 ⊥T 直排文字工具　　　T
　 ▓ 横排文字蒙版工具　T
　 ▓ 直排文字蒙版工具　T

　 ▤ 附注工具　　　N
■ ◁» 语音批注工具　N

　 ▱ 标准屏幕模式　　　　　　F
■ ▢ 最大化屏幕模式　　　　　F
　 ▢ 带有菜单栏的全屏模式　F
　 ▢ 全屏模式　　　　　　　F

■ ◌ 套索工具　　　　L
　 ◊ 多边形套索工具　L
　 ◊ 磁性套索工具　　L

■ ✎ 切片工具　　　K
　 ✎ 切片选择工具　K

■ ✐ 画笔工具　　　B
　 ✐ 铅笔工具　　　B
　 ■ 颜色替换工具　B

■ ✎ 历史记录画笔工具　　　Y
　 ✎ 历史记录艺术画笔工具　Y

■ ◈ 橡皮擦工具　　　E
　 ✎ 背景橡皮擦工具　E
　 ✎ 魔术橡皮擦工具　E

■ ◊ 模糊工具　R
　 △ 锐化工具　R
　 ◊ 涂抹工具　R

■ ✎ 钢笔工具　　　P
　 ✎ 自由钢笔工具　P
　 ✎₊ 添加描点工具
　 ✎₋ 删除描点工具
　 ⋏ 转换点工具

■ ▸ 路径选择工具　A
　 ▹ 直接选择工具　A

■ ▢ 矩形工具　　U
　 ▢ 圆角矩形工具　U
　 ◯ 椭圆工具　　U
　 ⬡ 多边形工具　U
　 ╲ 直线工具　　U
　 ☁ 自定形状工具　U

1.3 图像的基本概念

1.3.1 矢量图与位图

数字化图像按照记录方式可以分为矢量图像与位图图像两种形式。

矢量图像

矢量图像也可以说是向量式图像，用数学的矢量方式来记录图像内容，以线条和色块为主。例如一条线段的数据只需要记录两个端点的坐标、线段的粗细和色彩等，因此它的文件所占的容量较小，也可以很容易地进行放大、缩小或旋转等操作，并且不会失真，精确度较高并可以制作3D图像。但这种图像有一个缺陷，不易制作色调丰富或色彩变化太多的图像，而且绘制出来的图形不是很逼真，无法像照片一样精确地描写自然界的图像，同时也不易在不同的软件间交换文件。Adobe Illustrator、CorelDRAW、3DMax、AutoCAD等软件就属于这一类图像软件。

位图图像

位图图像弥补了矢量式图像的缺陷，它能够制作出色彩和色调变化丰富的图像，可以逼真地表现自然界的图像，同时也可以很容易地在不同软件之间交换；而其缺点则是无法制作真正的3D图像，并且图像缩放和旋转时会产生失真的现象，且文件较大，对内存和硬盘空间容量的需求也较高。另外由于在放大图像的过程中，其图像势必要变得模糊而失真，放大后的图像像素点实际上变成了像素"方格"。用数码相机和扫描仪获取的图像都属于位图。Photoshop图像最基本组成单元是像素，所以Photoshop就属于这一类图像软件。

1.3.2　颜色模式

颜色是图像的基础，用好了往往能收到事半功倍的效果。为了能在计算机图像处理中成功地选择正确的颜色，首先得懂得色彩模式。常见的色彩模式有：RGB、CMYK、Lab、索引颜色模式、多通道模式、灰度模式、双色调模式、位图模式等。修改颜色模式的方法：选择"图像"菜单栏/"模式"/选择适合的模式命令。

RGB 颜色模式：是一种加色模式，是以红、绿、蓝三色为基色的颜色模式。这三种基色的每一种都有一个 0 ~ 255 的取值范围，通过对红、绿、蓝的各值进行组合来改变图像的颜色。所有基色值都为 255 时，为白色；反之，都为 0 时，为黑色。通常 RGB 模式为显示模式，用在幻灯片、网页等制作上较为普遍。显示器上的颜色系统就是 RGB 色彩模式。同时，RGB 模式是 Photoshop 中唯一能够使用所有命令和滤镜的模式。

CMYK 颜色模式：是一种减色模式，是以青色、洋红、黄色、黑色四色为基色的颜色模式。印刷品通过吸收与反射光线的原理再现色彩，对应的就是这四种基本油墨颜色。CMYK 模式被广泛应用于印刷、打印、写真、喷绘等技术。

Lab 颜色模式：是一种不依赖设备的颜色的模式，它是 Photoshop 用来转变颜色模式时所用的内部颜色模式，该模式是目前所有模式中包含色彩范围（色域）最广的颜色模式，能在各个颜色平台上相互转换，在实际操作中用得较少。

索引颜色模式：为了减少图像文件所占的储存空间，人们设计了一种"索引颜色"模式，它可以极大地减少图像的储存空间（大概是 RGB 模式的三分之一），因此这种模式也经常用在网页和多媒体上。

除了以上几种颜色模式外，其他还有多通道模式、灰度模式、双色调模式、位图模式（首先需转换成灰度模式）等，因为一般使用时接触得较少，就不一一介绍了。

1.3.3 色相、饱和度、明度和亮度

要正确地理解和使用颜色，除了以上所说的色彩模式外，还要了解描述颜色的四个属性，即色相、饱和度、明度和亮度。

色相： 也叫色泽，也就是颜色的名称，如红色、黄色、蓝色等。

饱和度： 是指一种色彩的浓烈或鲜艳程度，饱和度越高，颜色中的灰色成分就越低，颜色的浓度也就越高，通常也用浓度替代饱和度。高饱和度的色彩通常显得更加鲜亮。

明度： 是用来描述一种颜色的深浅程度，如淡蓝、深蓝。色值可与色调一词等价，互换为用。色值或色调相同的颜色，在黑白照片中呈现完全相同的灰度。

亮度： 亮度是指图像中明暗程度的平衡，它决定了明暗色调的强度。

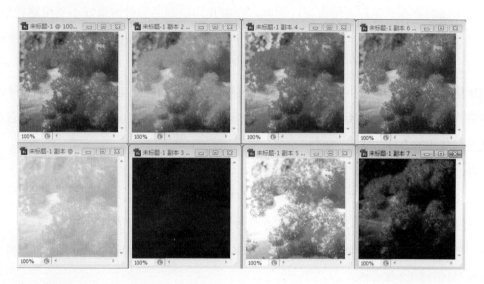

1.3.4 图像文件的格式

图像格式是指计算机表示、存储图像信息的格式。由于历史的原因，不同软件表示图像文件的方法不一，目前已经有上百种图像格式，常用的也有几十种。同一幅图像可以用不同的格式来存储，但不同格式之间所包含的图像信息并不完全相同，文件大小也有很大的差别。用户在使用时可以根据自己的需要选用适当的格式。

下面简单介绍几种最常用的图像格式。

PSD格式： 它是Photoshop的专用文件格式，也是新建文件时默认的储存文件模式。这种格式可以将文件的图层、参考线、通道、路径、文字等信息很好地储存。这种格式储存信

息多，文件量大。

TIFF格式：这是一种通用的图像格式，几乎所有的扫描仪和大多数图像软件都支持这一格式。这种格式支持RGB、CMYK、Lab、双色调、位图和灰度等颜色模式，有非压缩方式和压缩方式之分。其图像信息紧凑，得到各种平台上软件的广泛支持，是广告喷绘的主要模式。

BMP格式：它是标准的Windows图像文件格式。这种格式支持的颜色模式可为RGB、索引颜色、灰度和位图等，且与设备无关。

GIF格式：GIF格式可以使用LZW方式进行压缩，所以它被广泛用于通信领域和HTML"网页文档"中。不过，这种格式只支持8位图像文件。常用在GIF动画中可与Imageready输出互动。

JPEG格式：它是一种带压缩的文件格式，其压缩率是目前各种图像文件格式中最高的。但是，在压缩时存在一定程度的失真，因此，在制作印刷制品的时候最好不要用这种格式。这种格式支持RGB、CMYK和灰度颜色模式，但不支持A1pha通道。它主要用于图像预览和制作网页图片，是目前使用比较广泛的一种文件格式。

PDF格式：这种格式是由Adobe公司推出的专为网络出版而制定的，可以覆盖矢量式图像和点阵式图像，并且支持超链接。可以保存多页信息，其中可以包含图形和文本。它是网络下载经常使用的文件格式。

注释：

① 将图像存储的方法，"文件" / "存储"（Ctrl+S）/ 相应格式；

② 将图像另存为的方法，"文件" / "存储为"（Ctrl+Shift+S）/ 相应格式；

③ 将图像另存为网页模式的方法，"文件" / "存储为Web和设备所用格式"（Alt+Ctrl+Shift+S）/ 相应格式。

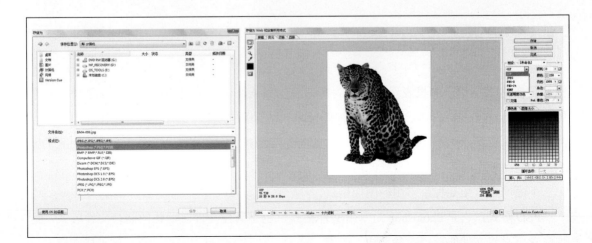

1.3.5　图像分辨率

分辨率是和图像相关的一个重要概念，它是衡量图像清晰与否的重要技术参数。

图像分辨率： 指图像中存储的信息量。这种分辨率有多种衡量方法，典型的是以每英寸的像素数(dpi)来衡量。图像分辨率和图像尺寸的大小一起决定文件的最终大小及输出质量，该值越大图形文件所占用的磁盘空间也就越多。图像分辨率影响着文件的大小，即文件大小与其图像分辨率的平方成正比。如果保持图像的尺寸不变，将图像分辨率提高一倍，则其文件大小增大为原来的四倍。

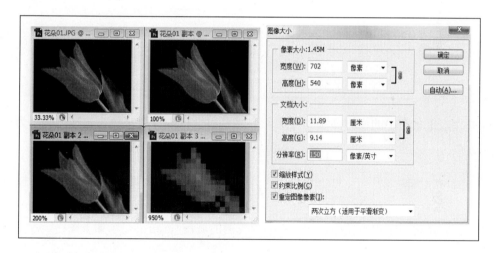

扫描分辨率： 是指在扫描一幅图像之前所设定的分辨率，它将影响所生成的图像文件的质量和使用性能，决定图像将以何种方式显示或打印。所以要先确定需要扫描图片的大小后再决定扫描分辨率。

显示分辨率： 在显示器中每单位长度显示的像素或点数。PC机的显示器的分辨率通常为60～120dpi，在制作网页和多媒体中运用广泛。

设备分辨率： 又称输出分辨率，指的是各类输出设备每英寸可产生的点数，如喷绘机、打印机、绘图仪的分辨率。打印设备的分辨率则在200～1400dpi。

课堂练习1：创建新文件

（1）在桌面双击Photoshop CS3图标 ，打开软件界面。

（2）点击"文件"菜单/"新建"（Ctrl+N）命令，出现新建对话框。

（3）设置新建对话框，文件命名为"美丽的城市"，宽度为400像素，高度为300像素，分辨率为72像素/英寸，颜色模式为CMYK，背景内容为白色，点击确定。

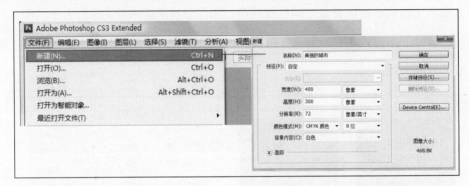

（4）点击工具箱中的横排文字工具 **T**，在工具属性栏中设置字体为黑体，大小为72点，颜色为红色。

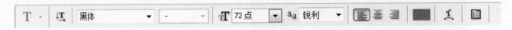

（5）在图像窗口中点击鼠标，输入文字"美丽的城市"，结果显示如下图：

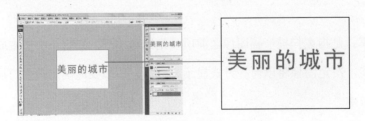

（6）点击"文件"菜单/存储（Ctrl+S），弹出存储对话框，将"保存位置"设为桌面，存储"格式"设为Photoshop(PSD)，如右图。

课堂练习2：打开文件

（1）点击"文件"菜单/"打开"（Ctrl+O）命令，
出现打开对话框。

（2）在"查找范围"中选择光盘/Photoshop CS3
文件/第1章基础知识/1-1，点击"打开"按钮，打
开图1-1。

（3）点击工具箱中的画笔工具 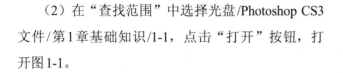，在工具属性栏中设置画笔大小为13，在前景色中
设置颜色为R：0，G:255，B:0。

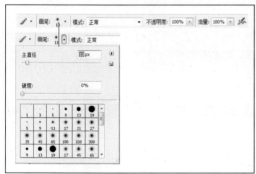

（4）在图像窗口中点击鼠标，在画面上用画笔画出鲜花两字，结果显示如下图。

（5）点击"文件"菜单/存储为（Ctrl+Shift+S），弹出"存储为"对话框，将"保存位置"
设为桌面，"文件名"后将"1-1"改为"鲜花"，存储"格式"设为TIFF，点击确定，如下图。

课堂练习3：文件预设

（1）点击"编辑"菜单/"首选项"/"常
规"，打开"首选项"对话框。

（2）选择"性能"选项，设置"历史记
录状态"为30，"高速缓存级别"为7，将
"暂存盘"中"现用"下方框处全选中，如下
图所示。

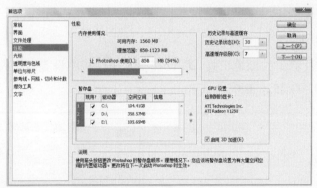

（3）选择"参考线、网格、切片和计数"选项，设置"参考线"颜色为浅蓝色，"切片"
为绿色，如下图所示。

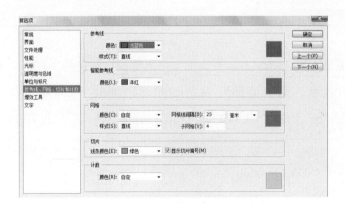

（4）点击"确定"。

（5）其他选项如常规、界面、文件处理、光标、透明度与色域、单位与标尺、增效工
具、文字等设置方法相同。建议初学者按照上面的要求设置，有利于加大返回步数和提高电
脑运行速度。

课堂练习4：调板的使用

（1）点击"文件"菜单/"新建"，打开"新建"对话框，设置名称为"熟悉调板"，宽度为400像素，高度为300像素，分辨率为72像素/英寸，颜色模式为RGB颜色，点击确定按钮，如下图所示。

（2）点击"窗口"菜单/"工作区"/"复位调板位置"，将调板复原。

（3）在Photoshop界面的右下方，寻找图层调板，点击新建按钮，新建一个图层，如下图所示。

（4）点击工具箱中的"矩形选框工具"按钮 ，在画面中心画上一个矩形选区。

（5）点击工具箱中的"油漆桶工具"按钮 ，将前景色设为绿色，在画面矩形选区中点击一下，形成绿色矩形区域，如下图所示。

（6）点击"样式"调板，选择"蓝色玻璃"按钮，如下图示。

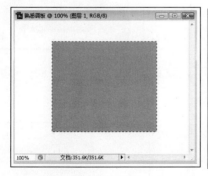
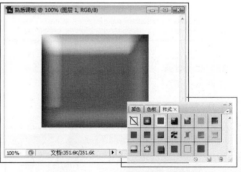

（7）点击"文件"菜单/"存储"命令，将文件存储为JPEG格式，将"品质"设为12，点击确定。最后关闭"熟悉调板"文件。

课堂练习5：图像调整

（1）点击"文件"菜单/"打开"命令，打开光盘文件"练习图片"/"第一章基础知识"/图"2-1"，如下图所示。

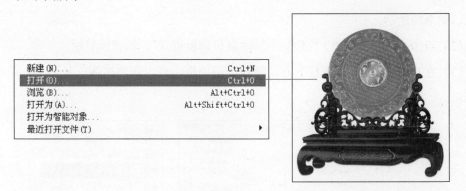

（2）点击"图像"菜单/"调整"/"色相/饱和度"，设置编辑"全图"、"色相"为－100，"饱和度"为+50，"明度"为0，如下图。

（3）点击"图像"菜单/"调整"/"色彩平衡"，设置编辑"色阶"为+80、+50、－100，如下图。

（4）点击"文件"菜单/"存储"命令，将文件存储为TIFF格式，选择"图像压缩为0"，"像素顺序为隔行"，"字节顺序为IBM PC"，点击确定。最后关闭文件。

综合练习1：保存照片

（1）打开光盘文件"练习图片"/"第一章基础知识"/"2-3"，设置图像宽度为17、高度为13，分辨率为150像素/英寸。

（2）在桌面新建一个文件夹，命名为"Photoshop练习图片"，首先将图片"2-3"保存到该文件夹中。保存格式为PSD，文件名为"荷塘美景1"。

（3）然后将图片"2-3"再一次保存到该文件夹中。保存格式为JPEG，文件名为"荷塘美景2"。

（4）最后再将图片"2-3"保存到该文件夹中。保存格式为TIFF，文件名为"荷塘美景3"。

试比较这三个图像的文件大小，并观察三者有何区别。

综合练习2：调板控制

（1）打开"窗口"/"工作区"命令，在弹出的下拉菜单中选择"复位调板位置"，将Photoshop的调板进行复位。

（2）点击颜色调板旁边的灰色小叉，隐藏颜色调板。

（3）在工具箱中点击文字工具 **T**，在工具属性栏中选择文字调板按钮，打开字符与段落调板。

（4）同时按住Shift+Tab按钮，可以显示与隐藏调板。

（5）点按Tab键，可以显示与隐藏调板和工具箱。

（6）点按F键，可以转换图像显示样式。

反复运用调板控制相关命令，熟悉调板的显示、隐藏规则，为后续学习打下基础。

课后练习

1.单选题

（1）历史记录调板中，系统默认撤销步数为[　　]。

　　A　10　　B　20　　C　30　　D　40

（2）桌面环境中，不包括下列哪个部分[　　]。

　　A　标题栏　　B　写作栏　　C　菜单栏　　D　工具箱

（3）工具箱的排列方式有几种[　　]。

　　A　1　　B　2　　C　3　　D　4

（4）Photoshop图像最基本组成单元是[　　]。

　　A　路径　　B　像素　　C　尺寸　　D　节点

（5）图像分辨率最基本的单位是[　　]。

　　A　dpi　　B　cpi　　C　ddi　　D　ppi

（6）被广泛应用于印刷上的颜色模式是[　　]。

　　A　RGB　　B　LAB　　C　索引颜色　　D　CMYK

2.填空题

（1）桌面环境包括_____、_____、_____、_____、_____、_____和_____等部分。

（2）工具栏中的选框工具包括_____、_____、_____、_____四个子工具。

（3）图像大小一般由_____、_____和_____来决定。

（4）CMYK颜色模式包括_____、_____、_____和_____。

3.简答题

（1）简述图像分辨率的几种类型并分别分析其特点。

（2）简述psd格式的基本概念。

第2章

绘图与图像编辑

本章重点

- ■ 掌握画笔工具和调板的使用
- ■ 掌握图像编辑工具的使用
- ■ 能够正确使用和区分各种绘画工具和图像编辑工具

本章难点

- ■ 画笔工具与历史画笔工具的使用
- ■ 各种图像编辑工具的区分和使用

2.1 画笔和填充工具的使用

2.1.1 画笔、铅笔和颜色替换工具

画笔、铅笔和颜色替换工具是绘图的基本工具项，使用它们就好像在白纸上画图一样有趣和简单。通过它们可以绘制各种基本图例，如图。

■ ✎ 画笔工具　　B
✎ 铅笔工具　　B
✎ 颜色替换工具　B

画笔工具

使用画笔工具 ✎，可绘出边缘柔软的画笔效果，画笔颜色为工具箱中的前景色。点击画笔工具，会显示画笔工具属性栏，可用于选择预设画笔和设计自定画笔。

画笔：⁑ 13 ▾　模式：正常 ▾　不透明度：100% ▸　流量：100% ▸

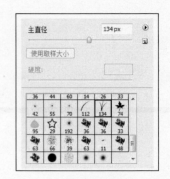

工具属性栏的主要作用是对相关工具进行设定。

点击工具属性栏按钮 ✐ ▾ 可以复位画笔内容。点击工

具属性栏 画笔: Ⅴ134 ▾ 按钮，会出现下拉菜单，可以预

设画笔大小（主直径）、硬度和形状。

点击工具属性栏 模式: 正常 ▾ 按钮，会出现下拉菜单，可选择不同的混

合模式。不透明度: 100% ▸ 可以设置画笔的"不透明度" 不透明度: 100% ▸ 。"流量"可以设置

"流量"百分比 流量: 100% ▸ 。

点击工具属性栏中的喷枪 ✍ 图标，图案凹下去表示选中喷枪效果，模拟传统喷枪，

使图像有渐变色调的效果。再次点击目标，表示取消喷枪效果。

> **注释：** "流量"的大小与喷枪效果的作用力度有关，流量越大，喷枪效果越明显。
>
> 不透明度：用来定义画笔、铅笔等工具的笔墨覆盖程度。
>
> 流量：用来定义画笔、仿制图章、图案图章、历史画笔等工具的笔墨扩散的量。

点击切换画笔调板 ▤ 图标，可以对画笔和仿制源进行设定。

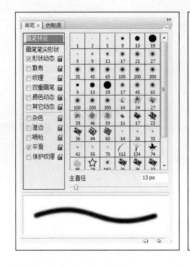

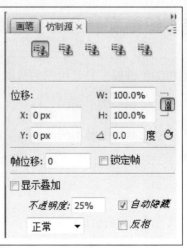

> **注释：** 如果要用画笔画直线，只需在画面中点击一个起点，按住Shift键，再点按一下终
> 点位置即可。

铅笔工具

使用铅笔工具 ，可绘出硬边的线条，如果是斜线会有明显的锯齿效果。具体使用方法与画笔工具相似。

注释： 在铅笔工具工具属性栏中有一个"自动抹除"按钮。选中此选项后，如果铅笔起点处的颜色是前景色，铅笔工具将和橡皮擦工具相似，会将前景色擦除至背景色；如果铅笔起点处的颜色是背景色，铅笔工具会和画笔工具一样用前景色画图；铅笔线条与前、背景颜色都不同时，铅笔工具也是用前景色绘图。

颜色替换工具

颜色替换工具 能够简化图像中特定颜色的替换。可以用于校正颜色在目标颜色上的绘画。具体使用方法是用选区工具选取要替换颜色的区域，然后点击颜色替换工具，在前景色中选取要替换的颜色，然后在选区内涂抹。

画笔工具绘图效果　　铅笔工具绘图效果

2.1.2　历史记录画笔工具

历史记录画笔工具是通过重新创建指定的原数据来绘画，而历史记录艺术画笔工具则可以用指定历史记录状态或者快照中的数据源，以特定的风格进行绘画。

历史记录画笔工具

历史记录画笔工具 ，可与历史记录共同使用，并通过画笔方式恢复原来的数据，具体使用方法与画笔工具相似。使用方式是点击历史记录画笔工具，然后在工具属性栏中选择画笔大小和形状，选择适当图层，用历史记录画笔绘制即可。

注释： 历史记录画笔经过的地方会出现画面的背景图层图像。

选择图层的不同会使该图层以下部分显示背景图层，对该图层以上部分没有影响。

历史记录艺术画笔工具

历史记录艺术画笔工具 ，可指定历史记录状态或者快照中的数据源，以特定的风格进行绘画，具体使用方法与画笔工具相似。使用方式是点击历史记录艺术画笔工具，然后在工具属性栏中选择画笔大小和形状，并对模式、透明度、样式、区域和容差进行调节，并用历史记录艺术画笔绘制即可。

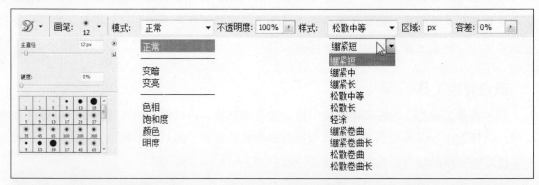

注释：

① 图片从左到右依次是原图、绷紧长效果、绷紧短效果、绷紧卷曲长效果的图像。

② 样式的最终效果与画笔的大小和尺寸有密切的联系，画笔越粗，样式越粗，反之亦然。容差定义：容差通过规定范围百分比值（1%～100%），定义图像选取像素相近色域的多少，容差越大，色域较宽，选取范围越广，反之亦然。

2.1.3　填充与渐变工具

填充工具

油漆桶工具 是用来在指定区域填充颜色或图案的工具。

注释： 油漆桶工具不能用于位图模式。

填充方法1：指定前景色 / 选择油漆桶工具 / 指定填充区域/在工具属性栏中选择前景(图案)/选择混合模式/调整不透明度/用油漆桶点击指定区域执行填充。

填充方法2：指定填充区域/点击"编辑"菜单/"填充"命令/指定填充样式（前景色、背景色、颜色、图案、历史记录、黑色、50%灰色、白色)/选择混合模式/点击确定执行填充命令。

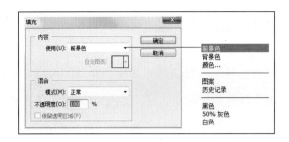

渐变工具

渐变工具 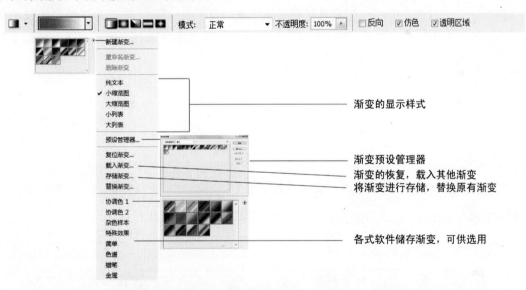，是用来在指定区域内用渐变颜色填充的工具。

渐变方法：指定前景色和背景色/选择渐变工具/指定渐变填充区域/在工具属性栏中选择渐变样式/选择渐变方式/选择混合模式/调整不透明度/在填充区域中点击鼠标不放松将渐变工具从起点拉至终点即可。

渐变的显示样式

渐变预设管理器

渐变的恢复，载入其他渐变

将渐变进行存储，替换原有渐变

各式软件储存渐变，可供选用

注释：在选项栏中选择应用渐变填充的选项。

"线性渐变" 以直线从起点渐变到终点。

"径向渐变" 以圆形图案从起点渐变到终点。

"角度渐变" 以逆时针扫过的方式围绕起点渐变。

"对称渐变" 使用对称线性渐变在起点的两侧渐变。

"菱形渐变" 以菱形图案从起点向外渐变。

2.2 图像修饰工具

2.2.1 仿制图章与图案图章

仿制图章与图案图章都可以提供画面修复和复制的功能，并可通过对部分图像取样，然后用取样绘画。在图像处理的过程中，还可以使用仿制图章工具去掉图上的痕迹和污点。利用图案图章工具，可以创建重复、连续的图案效果。

仿制图章工具

仿制图章工具 ，可从图像中取样，然后将该样本应用到其他图像或同一图像的其他部分。

注释： 如果要从一幅图像中取样并应用到另一图像，则这两幅图像的颜色模式必须相同。

仿制图章工具使用方法：在工具栏中选择仿制图章工具 ，在工具属性栏中设定画笔大小，模式设为正常，不透明度100%，流量100%，在样本处选择当前图层（当前和下方图层、所有图层），完成工具设定，如下图所示。

按住Alt键，图标会变成瞄准样式，选择需要复制的地方，点按鼠标选择，然后将鼠标移至需要修复的地方，左右涂抹即可。如显得比较生硬，可反复执行上述操作。

左图为原始图像，右图红色方框内为通过仿制图章工具修改过的地方。

图案图章工具

图案图章工具 ，可从图像中取样，然后将该样本复制到其他图像或同一图像的其他部分。

图案图章工具使用方法：在工具栏中选择仿制图章工具 ，在工具属性栏中设定画笔大小，模式设为正常，不透明度100%，流量100%，选择目标图案（也可自己定义图案），完成工具设定。然后将鼠标移至需要修复的地方，左右涂抹即可，如下图所示。

定义图案的方法：在画面中选中需要定义的图案，点击"编辑"菜单/"定义图案"命令，打开定义图案对话框。

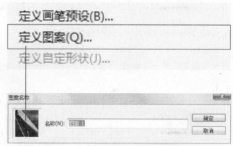

在对话框中定义图案名称，默认为"图案1"，点击确定。

在工具属性栏，选中刚定义的图案，然后在填图区域填涂即可。

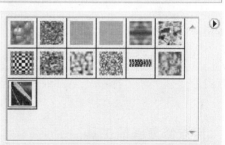

注释：

① "对齐" 是确定想要对齐样本像素的方式。如果选择"对齐"，您可以松开鼠标按钮，当前的取样点不会丢失。这样，无论多少次停止和继续绘画，都可以连续应用样本像素。如果取消选择"对齐"，则每次停止和继续绘画时，都将从初始取样点开始应用样本像素。

② 选择"印象派效果"可以对图案应用印象派效果。

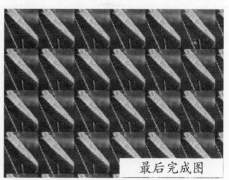

最后完成图

2.2.2　修复画笔工具

修复画笔工具（右图）包括"污点修复画笔工具"、"修复画笔工具"、"修补工具"和"红眼工具"4个子工具,可以利用图像或图案中的样本像素,通过电脑合成方法来修改图像。

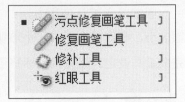

修复画笔工具

修复画笔工具 可用于校正瑕疵,修复图像中的缺陷。与仿制工具一样,使用修复画笔工具可以利用图像或图案中的样本像素来绘画。但是,修复画笔工具还可将样本像素的纹理、光照和阴影与源像素进行匹配,从而使修复后的像素不留痕迹地融入图像的其余部分。

修复画笔工具使用方法:在工具栏中选择修复画笔工具 ,在工具属性栏中设定画笔大小、模式、源,在样本处选择图层选项(当前和下方图层、所有图层),完成工具设定后按住Alt键即可操作,如下图所示。

注释:
① "源"设定为"取样"时,具体使用方法与仿制图章相似。
② 左图为修改前图像,右图为修改后图像。

污点修复画笔工具

污点修复画笔工具 可用于快速移去图像中的污点和其他不理想部分,使用方法与修复画笔相似,不同在于不用指定样本点,污点修复画笔将会在需要修复区域的图像外自动取样进行修复。

注释: "类型"设定为"近似匹配"时,自动修复的图像可以获得比较平滑的效果。
　　　　"类型"设定为"创建纹理"时,自动修复的图像将会以修复区域周围的纹理填充修复结果。

修补工具

修补工具 ◇ 可以从图像的其他区域或使用图案中的像素来修补选中的区域。像修复画笔工具一样，修补工具会将样本像素的纹理、光照和阴影与源像素进行匹配。

修补工具使用方法：在工具栏中选择修补工具 ◇ ，选择需要修补的选区(可以直接使用修补工具在图像上拖拽鼠标形成任意形状的选区，也可以使用其他工具进行选区的创建)。在工具属性栏中设定"修补"为"源"，将鼠标拖至可以替换选取区域的地方，放开鼠标即可。图像就会用此区域替换和匹配刚才选中的选区区域，如下图所示。

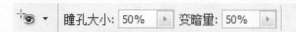

注释：

① 修复图像中的像素时，请选择较小区域以获得最佳效果。

"修补"为"目标"与"修补"为"源"过程恰好相反，会用刚才选中的选区区域替换和匹配此区域。

"使用图案"使用方法：是在用修补工具选中区域后，点击"使用图案"按钮，可以将图案自动填充进刚才选中的区域。

② 左图为修改前图像，右图为修改后图像。

红眼工具

红眼工具 ⁺◉ 可以从去除闪光灯拍摄人物照片中的红眼，也可以去除拍摄动物照片中的白色和绿色反光。

红眼工具使用方法：在工具栏中选红眼工具 ⁺◉ ，在需要修改照片的眼部点击即可。

注释：瞳孔大小是设置瞳孔（眼睛暗色的中心）的大小。

变暗量是设置瞳孔变暗的程度。

2.2.3　图像辅助处理工具

图像辅助处理工具包括橡皮擦工具 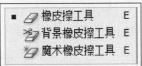、模糊锐化工具 、减淡加深工具 3个工具栏,共有9个子工具,如下图所示。

橡皮擦工具

橡皮擦工具 ：可用于将图像区域抹成透明或背景色。

使用方法：在工具栏中选择橡皮擦工具 ，在工具属性栏中设定画笔大小,模式设为画笔（铅笔、块）,设置不透明度和流量,在样本处用鼠标点击即可,如下图所示。

背景橡皮擦工具 ：可将图层上的像素抹成透明,并且可以在抹除背景的同时在前景中保留对象的边缘。

使用方法：在工具栏中选择背景橡皮擦工具 ,在工具属性栏中设定"画笔"大小,设置"取样"（连续、一次、背景色板）,设置"限制"（连续、不连续、查找边缘）和"容差",在样本处用鼠标点击即可,如下图所示。

注释:

① 在"取样"弹出式菜单中可以设定所要擦除颜色的取样方式。

连续：随鼠标的移动而不断吸取颜色,因此鼠标经过的地方就是被擦除的部分。

一次：以鼠标第一次点击的地方作为取样颜色,随后只以这个颜色为基准擦去范围内的颜色。

背景色板：以背景色作为取样颜色,可以擦除与背景色相近或相同的颜色。

② "限制"弹出式菜单中,选择"不连续"可以删除所有取样颜色；"不连续"只取颜色相关联的区域才被擦除；"查找边缘"则擦除含取样颜色相关区域并保留清晰的形状边缘。

③左图为橡皮擦工具修改后的图像,中图为背景橡皮擦工具修改后的图像,右图为魔术橡皮擦工具修改后的图像。

魔术橡皮擦工具 ✍ ：可自动更改所有相似的像素。如果是在背景图层中或是在锁定了透明度的图层中工作，像素会更改为背景色，否则像素会变为透明。

使用方法：在工具栏中选择魔术橡皮擦工具 ✍ ，在工具属性栏中设定容差，点击消除锯齿和连续，并设置不透明度和流量，在样本处用鼠标点击即可，如下图所示。

| ✍ ▾ | 容差: 32 | ☑消除锯齿 | ☑连续 | ☐对所有图层取样 | 不透明度: 100% ▸ |

注释："消除锯齿"是用来为所校正的区域定义平滑的边缘。

"连续"是用来去除图像和鼠标单击点相似并连续的部分，如果未选中此项，将擦除图像中所有和鼠标单击点相似的像素。

"对所有图层取样"，当点中此选项后，不管在哪个图层上操作，所使用工具对所有图层都有用，不仅仅只针对当前操作图层。

模糊锐化工具

模糊工具 ○ ：对图像边缘进行模糊，常用于细节修饰。

锐化工具 △ ：对图像边缘进行锐化，常用于细节修饰。

使用方法：在工具栏中选择模糊工具 ○ ，在工具属性栏中设定"画笔"大小，模式设为正常，设置"强度"，在样本处用上下拖动鼠标，使模糊状态符合要求为止。锐化使用方法与之相同，如下图所示。

| ○ ▾ | 画笔: 13 ▾ | 模式: 正常 ▾ | 强度: 50% ▸ | ☐对所有图层取样 |

注释：

① "强度"是用来控制手指作用在画面上的力度，强度越大，鼠标拖出的线条越长，反之越短。如果强度设定为100%，则会拖出无限长的线条，直到松开鼠标为止。

② 左图模糊工具修改后的图像，中图为锐化工具修改后的图像，右图为魔涂抹工具修改后的图像。

涂抹工具 ✋ ：可模拟在湿颜料中拖移手指的动作。该工具可拾取描边开始位置的颜色，并沿拖移的方向展开这种颜色。

使用方法：在工具栏中选择涂抹工具 ✋ ，在工具属性栏中设定"画笔"大小，模式设为正常，设置"强度"，在样本处用拖动鼠标，使涂抹状态符合要求为止，如下图所示。

| ✋ ▾ | 画笔: 13 ▾ | 模式: 正常 ▾ | 强度: 50% ▸ | ☐对所有图层取样 ☐手指绘画 |

注释："手指绘画"可以使每次移动鼠标绘制时，会自动使用工具箱中的前景色。如果设置强度为100%，那么绘图效果与画笔相同。

减淡加深工具

减淡工具 ：可使图像变亮，类似于给图像添加亮光，常用于细节修饰。

加深工具 ：可使图像变暗，类似于给图像避光，常用于细节修饰。

使用方法：在工具栏中选择减淡工具 ，在工具属性栏中设定"画笔"大小，"范围"设为中间调（阴影、高光），设置"曝光度"为50%（1%～100%），在样本处用上下拖动鼠标，使图像减淡符合要求为止。加深工具使用方法与之相同，如下图所示。

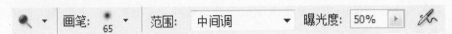

注释："范围"用来确定加深、减淡工具的颜色灰度取值情况。选择"中间调"，可更改图像灰度的中间范围；"阴影"可更改图像的黑暗区域；"高光"可更改图像的明亮区域。

海绵工具 ：用来添加或降低图像的颜色饱和度，也常用于细节修饰。

使用方法：在工具栏中选择海绵工具 ，在工具属性栏中设定"画笔"大小，模式（去色、加色），设置"流量"为50%（1%～100%），在样本处用上下拖动鼠标，使图像颜色符合要求为止，如下图所示。

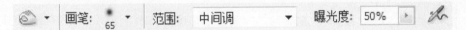

注释：

① "加色"可增加图像鼠标涂抹部分的饱和度；"去色"可降低加图像饱和度；"流量"。可控制加色和减色的程度。

② 图片从左到右，从上到下依次是图像颜色减淡、图像颜色加深、海绵工具去色、海绵工具加色的效果图像。

课堂练习1：绘制圆柱形

（1）点击"文件"菜单/"新建"（Ctrl+N）命令，出现新建对话框。

（2）设置新建对话框，文件命名为"圆柱体"，宽度为300像素，高度为400像素，分辨率为72像素/英寸，颜色模式为RGB，背景内容为白色，点击确定。

（3）点击工具箱中的矩形选框工具 ，在工具属性栏中设置羽化为0，样式为固定比例，宽度设为1，高度设为2，如下图。

（4）在图像窗口中拖拉矩形选区至适当。

（5）设置前景色为R：0，G：100，B：200；背景色为R：0，G：50，B：100，点击渐变工具 ，在工具属性栏中设置渐变样式"从前景色到背景色渐变"，"线性渐变"，在选区中进行水平拖拉，形成深蓝色到浅蓝色渐变的矩形块。

  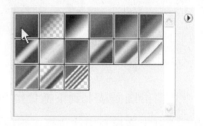

（6）新建一个图层，选择椭圆形选框工具 ，在矩形上端沿垂直边缘绘制一个椭圆选区，点击填充工具按钮 ，在椭圆选框中填充前景色。

（7）用同样的办法在矩形下端绘制并填充同样的椭圆形，如右图。

（8）在桌面新建文件夹，命名为"练习作业文件"。点击"文件"菜单/存储（Ctrl+S），弹出存储对话框，将图像保存在该文件夹下，存储"格式"设为Photoshop(PSD)。

课堂练习2：制作百叶窗

（1）点击"文件"菜单/"打开"命令，打开练习图片中的第2章/图2-2。

（2）设置前景色为黄色（R：250，G：175，B：40），背景色为白色。

（3）点击图层菜单/新建图层命令，新建一个图层，并命名为百叶窗。

（4）在工具箱中点击渐变工具 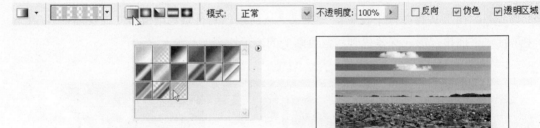，在工具属性栏中设置渐变工具选项。首先在渐变列表中选择"透明条纹"，然后单击线性渐变选项。

（5）沿画面从上到下拖拉至中线位置，然后再从下到上拖拉至中线位置，形成黄色条纹样式，如右图1、图2。

（6）新建一个图层，命名为"百叶窗2"，设置前景色为R：0，G：0，B：0；背景色为R：250，G：250，B：250。点击渐变工具，按照刚才的方法再绘制黑色透明条纹，然后放置到相应位置，如右图3。

（7）点击"文件"菜单/存储（Ctrl+S），弹出存储对话框，将"保存位置"设为桌面/练习作业文件夹，存储"格式"设为JPEG。

图1

图2

图3

课堂练习3：设计墙纸

（1）点击"文件"菜单/"新建"（Ctrl+N）命令，出现新建对话框。

（2）设置新建对话框，文件命名为"美丽墙纸"，预设为"国际标准纸张"，大小为"A4"分辨率为"300像素/英寸"，颜色模式为"RGB"，背景内容为"白色"，点击确定。

（3）点击"文件"菜单/"打开"命令，打开练习图片中的第2章/图2-3。

（4）点击工具箱中的矩形选框工具 □ ，在工具属性栏中设置羽化为0，样式为正常，在画面中框选出矩形选框，如下图1。

（5）点击菜单"编辑"/"定义图案"命令，命名为"图案1"，如下图2。

（6）点击画笔工具 ✑ ，设置画笔主直径为154PX，硬度为0%，如下图3。

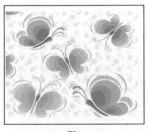

图1

图2

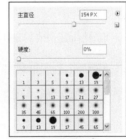

图3

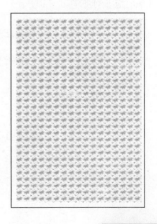

（7）点击图案图章工具 ⬚ ，并在画面上来回平涂，直至将整个画面都涂上图案为止，完成图如右图。

（8）点击"文件"菜单/存储（Ctrl+S），弹出存储对话框，将"保存位置"设为桌面/练习作业文件夹，存储"格式"设为TIFF。

综合练习1：绘制城堡

（1）打开光盘练习文件/第2章绘图与图像修饰/2-1。

（2）点击新建图层按钮，新建图层1，点击填充工具，填充成白色，然后点击图层旁的 👁，隐藏该图层。

（3）点击新建图层按钮，新建图层2，选择画笔工具，设置前景色为黑色，画笔主直径为8，沿城堡轮廓线绘制（如需直线请按住Shift键），如下图。

（4）点击新建图层按钮，新建图层3，选择画笔工具，设置前景色为黑色，画笔主直径为4，沿城堡轮廓内的线条进行绘制（如需直线请按住Shift键），如下图。

（5）点击新建图层按钮，新建图层4，选择画笔工具中的"散布枫叶"，设置前景色为绿色，背景色为黄色，画笔主直径为74，在图像上方绘制枫叶。

（6）选择画笔工具中的"草"和"沙丘草"样式，设置前景色为绿色，背景色为黄色，画笔主直径分别为134和112，在图像下方绘制草地，如右图。

综合练习2：图像去斑

（1）打开光盘练习文件/第2章绘图与图像修饰/2-5。

（2）点击减淡工具 ，将设置画笔大小为65，范围为"中间调"，曝光度为"50%"。将画面中有雀斑的区域适当减淡。

（3）点击仿制图章工具 ，将设置画笔大小为25，模式为"正常"，不透明度为"100%"，流量为"100%"，如下图。按住Shift键，将画面中的大雀斑去掉。

（4）点击模糊工具 ，将设置画笔大小为35，模式为"正常"，强度为"70%"。将画面有雀斑的地方进行模糊，使整个画面细腻耐看。

（5）反复运用上述工具，可以很好地帮助你将人物的雀斑去掉。这种方法还可以广泛运用到需要去除污点的各种项目中，最终效果如下图。

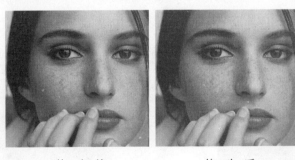

修改前　　　　　　　　修改后

综合练习3：沧海桑田

（1）打开光盘练习文件/第2章绘图与图像修饰/图2-4。

（2）点击仿制图章工具 ，设置画笔大小为25，模式为"正常"，不透明度为"100%"，流量为"100%"，如下图。按住Shift键，去掉画面中的月牙湖及近景树木。

（3）点击修补工具，按下图进行设置。通过修补选项在画面中选取沙漠标本填充到指定位置，优化画面效果。

（4）反复运用上述工具，可以很好地帮助处理沙漠效果。这种方法还可以广泛运用到需要去除画面内容的各种项目中，最终效果如下图。

（5）打开光盘练习文件/第2章绘图与图像修饰/2-6，选择树木所在图层，并把树木拉入上图画面中。

（6）调整树在画面中的位置和大小，完成整幅图像。

综合练习4：修饰人物

（1）打开光盘练习文件/第2章绘图与图像修饰/图2-6。

（2）点击红眼工具 ，设置瞳孔大小为30%，变暗量为"100%"，如下图。

（3）分别框选出红眼部分，工具可以自动帮助去除红眼。

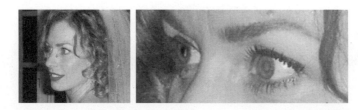

（4）选择仿制图章工具 ，帮助去除图像眉弓上的肉痣。

（5）选择加深工具 ，帮助图像加深头发、眼睛睫毛及上嘴唇的颜色。

（6）选择海绵工具 ，设置画笔大小为27，模式为"加色"，流量为18%，完成对图像下嘴唇的颜色处理，使下嘴唇颜色更加丰富。

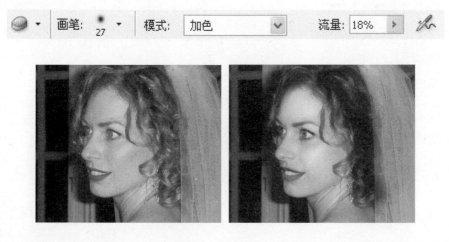

修改前　　　　　　　　　　修改后

课后练习

1.单选题

(1) 橡皮擦工具选项栏中没有哪个橡皮类型[   ]。

    A　画笔　　B　铅笔　　C　块　　D　毛笔

(2) 下面对渐变工具描述正确的是[   ]。

    A　渐变工具中的颜色不能超过三种。

    B　渐变工具就是将图像或颜色沿水平或垂直方向延伸的工具。

    C　可以任意编辑渐变色，不管单色、双色还是多色。

    D　不能将设定好的渐变颜色存储为一个渐变文件。

(3) 模糊工具组不包括[   ]。

    A　模糊工具　　B　锐化工具　　C　海绵工具　　D　涂抹工具

(4) 画笔工具属性栏不包括[   ]。

    A　画笔大小　　B　像素　　C　模式　　D　不透明度

(5) 要使仿制图章工具能够正常获知需要仿制的区域，必须按住[   ]。

    A　Shift 键　　B　Ctrl 键　　C　Alt 键　　D　Enter 键

2.填空题

(1) 橡皮擦工具组包括_____、_____和_____三部分。

(2) 历史记录画笔工具组包括_____、_____两个子工具。

(3) 渐变工具样式在属性栏中包括_____、_____、_____、_____和_____。

(4) 修补工具组包括_____、_____、_____和_____。

3.简答题

(1) 试说明橡皮擦工具、背景橡皮擦工具、魔术橡皮擦工具的区别与联系。

(2) 颜色替换工具在工具属性栏中，模式包括哪几个部分？

第3章

图像的选择与变换

本章重点

- ■ 熟练掌握各种选区的使用
- ■ 掌握图像变换的基本方法
- ■ 能够通过"选择"菜单和选择工具属性栏对选择区域进行有效设置

本章难点

- ■ 套索工具与切片工具的使用
- ■ 对图像进行有效变换
- ■ 图像羽化

3.1 规则选区工具的使用

矩形选框、椭圆选框和单行、单列工具使用是选择规则图形的基本工具项，通过这些工具能够有效选择矩形、椭圆形、单行和单列选区，如右图。

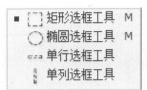

矩形选框工具

使用矩形选框工具 ，可选择各种矩形选框。

使用方法：首先选择矩形选框，然后按住鼠标左键拖拉至需要位置即可。

注释： 按住Shift键可以选择正方形，在样式栏可以设置矩形框的固定大小和固定长宽比。

注释:

① 选区组合包括新选区、添加到选区、从选区中减去、与选区交叉四个子命令。

ⅰ. 新选区 ▦ 是系统默认选区,即只能有唯一的选区,当新选区出现则自动替换原有选区。

ⅱ. 添加到选区 ▦ 可以有多个选区,且新选区会自动添加到原有选区。

ⅲ. 从选区中减去 ▦ 可以有多个选区,且新选区会自动减去与原有选区相交部分。

ⅳ. 与选区交叉 ▦ 只能有保留唯一的选区,即新选区与原有选区相交部分。

② 羽化选区 选项的作用是柔化选区边缘,形成如羽毛般柔化效果。

使用方法为在选取选区前,在工具属性栏里找到羽化框,给羽化输入数值,则选取选区后该选区自动羽化,如不更改羽化数值则每次羽化将会羽化同样的数值。

③ 选区样式 "正常"选项并不限定选区大小和形状比例;"固定比例"选项限定选区长宽比例,选区大小可以不同,但形状一样;"固定大小"选项限定选区长宽比例和尺寸,每个选区形状完全一样。

④ 调整边缘可以调整选区的边缘设置。

椭圆选框工具

使用椭圆选框工具 ◯,可选择各种椭圆选框。

使用方法:与矩形选框工具使用方法相同。

注释:按住Shift键可以选择圆形。

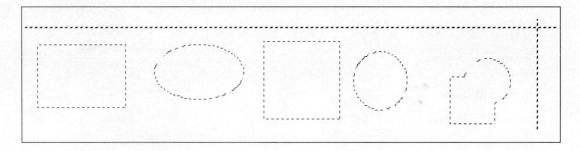

单行、单列选框工具

使用单行 ▭、单列选框 ▯ 工具,可选择横向和竖向单像素选区。

使用方法:与矩形选框方法相同。

注释:单行选框工具和单列选框工具可以分别选取一行或一列闭和区域内的像素。通常与填充工具共同使用用来绘制水平或垂直的直线。

3.2 非规则选区工具的使用

3.2.1 套索工具使用

套索工具组包括套索工具、多边形套索工具、磁性套索工具三个子工具，平时只有被选择的一个为显示状态，其他的为隐藏状态。套索工具组是Photoshop软件中重要的对非规则选区进行选择的工具。

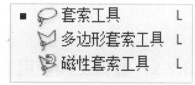

套索工具

使用套索工具 $\wp$ ，可选择各种非规则且不需精确选择的图像。

使用方法：首先选择套索工具，然后按住鼠标左键拖拉至需要位勾选的选区边缘即可。

注释："消除锯齿"通过软化边缘像素与背景像素之间的颜色转换，使选区的锯齿状边缘平滑。由于只更改边缘像素，因此无细节丢失。消除锯齿在剪切、拷贝和粘贴选区以创建复合图像时非常有用。

多边形套索工具

使用多边形套索工具 $\wp$ ，可选择各种多边形和非规则较精确选择的图像。

使用方法：与套索工具使用方法相同。

注释：图片从左到右依次是用套索工具选择效果、用多边形套索工具选择效果、用磁性套索工具选择效果。

磁性套索工具

使用磁性套索工具 $\wp$ ，适用于快速选择边缘与背景对比强烈且边缘复杂的对象。

使用方法：在图像边缘用鼠标单击选择一点，然后绕边缘旋转一周即可，如磁性套索未按要求旋转，可及时点击鼠标更改其轨迹。

注释："宽度"决定磁性套索检测指针周围区域大小；"对比度"决定套索对图像边缘的灵敏度，较高的数值只检测与它们的环境对比鲜明的边缘，而较低的数值则检测低对比度边缘；"频率"数字范围为0～100，用来控制磁性套索工具生成固定点的多少。频率越高，能越快地固定选择边缘。

3.2.2　魔棒工具使用

魔棒工具组包括快速选择工具和魔棒工具两个子工具。魔棒工具组用于快速选择颜色相近的区域，而不必跟踪其轮廓。

快速选择工具

使用快速选择工具，适用于快速选择边缘与背景对比强烈且边缘复杂的对象，例如从背景中抽离出飞扬的秀发等。这个工具的功能非常强大，给用户提供了难以置信的优质选区创建解决方案。这一工具被添加在工具箱的上方区域，与魔棒工具归为一组。Adobe认识到快速选择工具要比魔棒工具更为强大，所以将快速选择工具显示在工具箱面板中显眼的位置，而将魔棒工具藏在里面。

使用方法：快速选择工具的使用方法是基于画笔模式的。也就是说，可以画出所需的选区。如果是选取离边缘比较远的较大区域，就要使用大一些的画笔大小；如果是要选取边缘则换成小尺寸的画笔大小，这样才能尽量避免选取背景像素。

魔棒工具

使用魔棒工具，可以选择颜色相近的区域，而不必跟踪其轮廓。

使用方法：确定选区组合方式，调整容差（系统默认32），在需要选择的图像中用鼠标选择一点单击，即可选中目标。

注释：较低的容差值使魔棒选取与所点按的像素非常相似的颜色，而较高的容差值可以选择更宽的色彩范围。如果"连续地"被选中，则容差范围内的所有相邻像素都被选中。若选中"用于所有图层"，那么魔棒工具将在所有可见图层中选择颜色，则只在当前图层中选择颜色。

注释： 图片从左到右依次是容差 "10" 的选择效果、容差 "32" 的选择效果和容差 "100" 的选择效果。

3.2.3　图像移动与裁切

移动工具

移动工具　　主要运用于移动被选框选中的单个图层或图层组。

使用方法：确定区域，点击移动工具，将图像移动至需要位置。

注释：

① 对齐方式必须是图层链接的情况下才可以使用。

② 左图为移动修改前图像，右图为移动修改后图像。

裁切工具

裁切工具　　主要运用于移去部分图像以形成突出或加强构图效果。

使用方法：点击裁切工具，在图像中确定裁切位置，点击回车键即可。

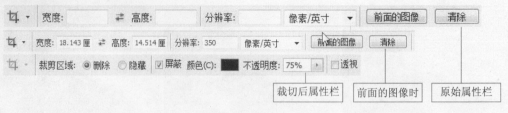

裁切后属性栏　　前面的图像时　　原始属性栏

注释：

① 在裁切过程中，选择裁切角点，可以对图像进行伸缩和旋转。

② 左图为裁切前图像，右图为裁切后图像。

3.2.4　切片工具

切片工具组包括切片工具和切片选择工具两个子工具，主要运用于将图像切割成网页小图片，常与网页制作软件联合使用。

切片工具

使用方法：点击切片工具 ，在图像中按照网页各式进行裁切，并将图像存储为"Web和设备所用格式"，就可通过网页各式预览图片。

切片选择工具

使用方法：点击切片选择工具，可在图像中移动切片的位置。

3.2.5　调整修改选择命令

调整修改选择命令的使用

打开"选择"菜单栏，在里面有七个分选项组，包含了"选择"菜单的全部命令。在操作时只需在菜单中点击需要的命令即可。

全部（A）：全部选择整个图像。

取消选择（D）：取消刚才的选择项目。

重新选择（E）：将刚才取消的选择重新选中。

反向（I）：选择范围与刚才所选范围恰好相反。

所有图层（L）：将所有图层该部分都选中。

取消选择图层（S）：将选中所有图层该的选择取消。

相似图层（Y）：选择像素相似的图层。

全部(A)	Ctrl+A
取消选择(D)	Ctrl+D
重新选择(E)	Shift+Ctrl+D
反向(I)	Shift+Ctrl+I
所有图层(L)	Alt+Ctrl+A
取消选择图层(S)	
相似图层(Y)	
色彩范围(C)...	
调整边缘(F)	Alt+Ctrl+R
修改(M)	▶
扩大选取(G)	
选取相似(R)	
变换选区(T)	
载入选区(O)...	
存储选区(V)...	

注释：图片从左到右依次是矩形选区、反向选择和全部选择的效果图像。

"色彩范围"命令

"色彩范围"命令是选择现有选区或整个图像内指定的颜色或颜色子集。选取"选择/色彩范围"，将弹出色彩范围对话框(如图)。在选择栏中可以选择自己取样颜色，也可以选择红、黄、绿、青、蓝、洋红或是高光、中间调、暗调还有溢色(注"溢色"选项仅适用于RGB和Lab图像)。"颜色容差"选项通过控制相关颜色包含在选区中的程度来选择像素。还可以对选区进行调整，用加色工具在预览或图像区域点击来添加颜色；用减色工具在预览或图像区域点击来移除颜色。

"调整边缘"命令

"调整边缘"命令可以调整选区的边缘半径、对比度、平滑感、羽化、收缩和扩展度。

"修改"命令

修改命令用来帮助已选择的选区进行进一步修改。包括边界、平滑、扩展、收缩、羽化5个命令。

边界：使单线边框扩充成双线。

平滑：使单线边框的锯齿变平滑。

扩展：使单线边框的面积扩大。

收缩：使单线边框的面积缩小。

羽化：使已选区域变得模糊。

使用方法：点击"选择"菜单/"修改"，执行（边界/平滑/扩展/收缩/羽化）命令，并在相关弹出对话框中进行相应设置，如下图所示。

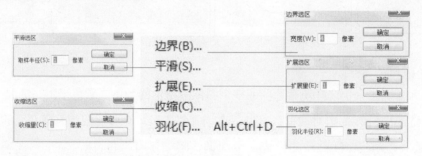

注释："选择"菜单栏内的羽化设置与工具属性栏中的羽化设置使用方法不同。菜单栏内的羽化是先选择选区再执行羽化操作；工具属性栏中的羽化设置，是先设定羽化值，再选择区域。且"选择"菜单栏内的羽化每设定一次只执行一次；而工具属性栏中的羽化一旦设定可一直使用。

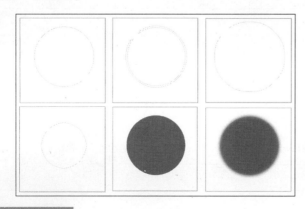

注释：图片从左到右，从上到下依次是原图、原始选择图像、边界选择图像、扩展选择图像、收缩选择图像、平滑选择图像、羽化选择图像、（平滑、羽化填色）的效果图像。

"扩大选取"命令

可以帮助选区扩大选择区域，如不满意可重复操作。

"选取相似"命令

可以帮助选择像素相近区域，常与"容差"配合使用。

注释：图片从左到右依次是矩形选择、扩大选取、选取相似的运用效果。

"变换选区"命令

可将选区作放大、缩小、斜切、旋转等操作。能够有效地对选区作二次调整。

注释：左图为选区变换前图像,右图为选区变换后图像。

"载入选区"命令：可将其他选区（存储选区）载入。

"存储选区"命令：可将选区存储起来，下次需要时再载入。

注释：在工具箱中的各种选择工具，当在界面中点击鼠标右键也会弹出对话框，该对话框的设置与刚才所讲内容相同。

3.2.6 图像的描边与变换

"描边"命令

"描边"命令是在指定区域内给边缘添加颜色。该命令有些类似于图层样式中的描边选项。

使用方法：点击"编辑"菜单栏，并选择"描边"命令，弹出描边对话框，在对话框中设置边的宽度、颜色、位置（内部、居中、居外），进一步设置混合模式和不透明度即可。系统默认混合模式为"正常"，不透明度为"100%"。

"自由变换"命令

自由变换命令是在指定区域内，对图层、路径实行旋转、缩放命令。如果同时按住Ctrl键还可以执行斜切、扭曲等命令。点击鼠标右键，弹出下拉菜单，还可以执行所有的变换命令。快捷键为Ctrl+T。

使用方法：点击"编辑"菜单栏，并选择"自由变换"命令，在画面中会出现一个包括八个节点的矩形框，拖拉其中的任何节点都可以改变图像形状大小，将鼠标至于角节点上，会出现一个半圆形的双向箭头，旋转即可实现旋转功能。

注释：左图为自由变换前图像，右图为自由变换后图像。

"变换"命令

"变换"命令可以在指定区域内，对图层、路径等实行旋转、缩放、斜切、扭曲、透视、变形、旋转180°、旋转90°（顺时针）、旋转90°（逆时针）、水平翻转、垂直翻转等命令。

使用方法：与自由变换相同。

注释："变换选区"只改变选区的形状和方向，不改变图像；"变换"命令，主要改变图像的方向和形状。

课堂练习1：制作笔记本

（1）打开光盘练习文件/第3章图像的选择与变换/图1-1。

（2）点击单行选框工具 ⫶⫶⫶，设置羽化值为0，在星期的下方点击一下，出现横向虚线框，如下图。

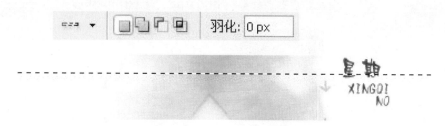

（3）点击矩形选框工具 ⬚ ，设置工具属性栏的选取样式为"从选区中减去"，羽化为0，然后画一矩形选框至星期的"期"字后，删除多余的单行选框。最后设置前景色为深蓝色，选择编辑/填充/前景色，填充选区即可，如下图。

（4）再次选择单行选框工具 ⫶⫶⫶，设置工具属性栏的选取样式为"添加到选区"，羽化为0，然后用该工具等次画六条单行选框。

（5）点击矩形选框工具 ⬚ ，设置工具属性栏的选取样式为"从选区中减去"，删除左边多余的单行选框。最后设置前景色为深蓝色，选择编辑/填充/前景色，填充选区，如下图。

（6）打开光盘练习文件/第3章图像的选择与变换/图1-2，选择套索工具 ⌇ ，将1-2中的图案依次选择、移动到相应位置即可。

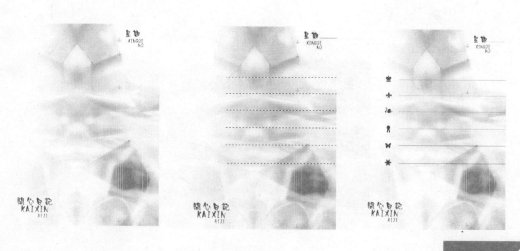

课堂练习2：飞驰的轿车

（1）打开光盘练习文件/第3章图像的选择与变换/2-1。

（2）点击多边形套索工具，设置羽化值为0，勾画出汽车的外形轮廓，如下图。

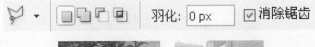

（3）选择快捷键Ctrl+J，复制选择的汽车图像。

（4）找到图层面版栏，在该面版中点击背景图层，如下图。

（5）在菜单栏中选择"滤镜"/"模糊"/"径向模糊"命令，设置数量为38，模糊方法为"缩放"，品质为"好"，点击确定。

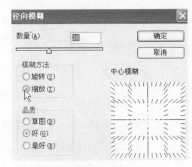

（6）最后将图像存储在相应文件夹中。

课堂练习3：镜中缘

（1）打开光盘练习文件/第3章图像的选择与变换/3-1。

（2）点击磁性套索工具，设置为"添加入选区"，羽化值为0px，消除锯齿，宽度为10px，对比度为10%，频率为57，勾画出人物的外形轮廓，如下图。

羽化：0 px ☑消除锯齿 宽度：10 px 对比度：10% 频率：57

（3）通过套索工具和多边形套索工具，对选区进行优化，优化时要注意"添加入选区"和"从选区中减去"等设置的使用，如右图。

（4）新建文件，名称为"镜中缘"，设置宽度为9厘米，高度为9厘米，分辨率为300像素/英寸。

（5）将选择图像拉入新建文件中，放置在偏左的位置，如下图1。

（6）选择快捷键Ctrl+J，复制该人物图像，通过"编辑"/"变换"/"水平变换"命令，将复制的人物翻转，放置在偏右的位置，如下图2。

（7）通过"图像"/"调整"/"去色"命令，将复制的人物去色，形成最后的效果，如下图3。

图1

图2

图3

综合练习：室内效果图

（1）新建文件，名称为效果图，宽度为27厘米，高度为20厘米，分辨率为100像素/英寸，RGB颜色，背景为白色，如下图。

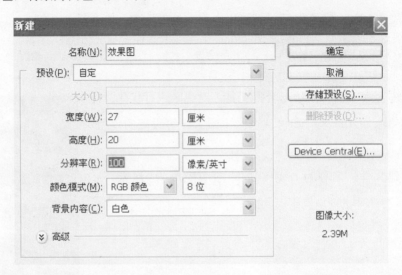

（2）在画面中央用矩形选框工具选择一矩形 [], 高度为4厘米，长度为6厘米，然后填充灰色，如下左图。

（3）用多边形套索工具 沿下右图样式分别绘制四个梯形，并分别用油漆桶工具 填充上颜色。一般而言，效果图天花板和地面用灰色表示，左右墙面用颜色块表示，在勾选时要注意透视的方位和设置羽化值为0。

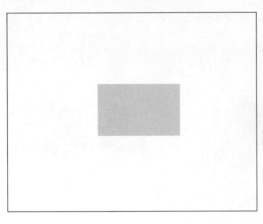

左　图

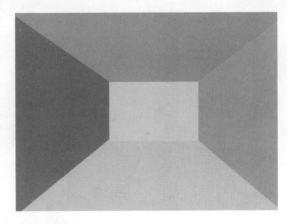

右　图

（4）新建一个图层，用多边形套索工具 在天花板内分别选择出吊顶的样式，并且通过渐变工具 分别填充，在选择时要考虑透视的因素，完成天花板的制作，如下图。

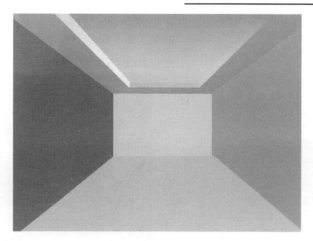

（5）打开光盘练习文件/第3章图像的选择与变换/3-2图片，通过"编辑"/"定义图案"命令把3-2定义为图案。

点击效果图文件，选择油漆桶命令 <img>，在工具属性栏中选择"图案"，并在后面"图案拾色器"中选择刚才定义的图案，再次新建一个图层并填充，结果如下图。

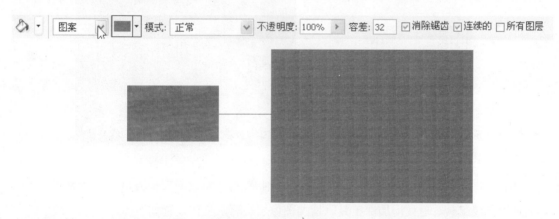

（6）点击"编辑"/"自由变换命令"。按住Ctrl键，将图案上面的角缩放成下图样式，在缩放时最好能与前面规定的地面重合。

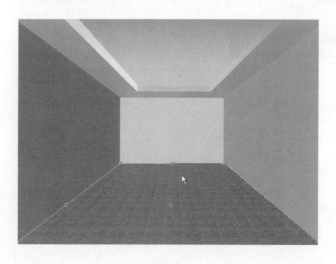

（7）新建一个图层，打开光盘练习文件/第3章图像的选择与变换/3-3图片，用同样的方法完成对左墙面的设置，如下图。

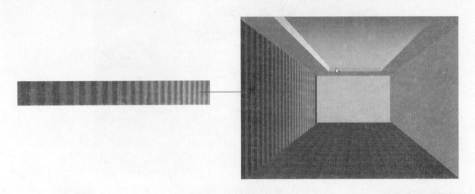

（8）打开光盘练习文件/第3章图像的选择与变换/3-4图片，通过移动工具 ，将其拖入效果图文件中，通过自由变换命令将其合理放置在背景墙位置上，如下图。

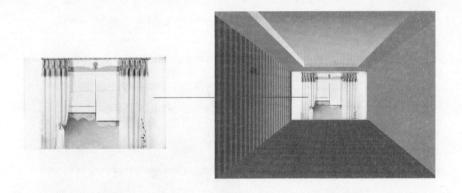

（9）选择相应的图层，用加深 、减淡工具 将左右墙面和地板进行效果处理，原则上远处用减淡工具，近处用加深工具，增加图像层次感，具体设置如下图。

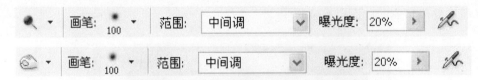

（10）打开光盘练习文件/第3章图像的选择与变换/3-5图片，通过移动工具 ，将其拖入效果图文件中，通过自由变换命令（若同时按住Shift键就可等比例放缩图像）将其合理放置在左墙位置上，如下图。

（11）打开光盘练习文件/第3章图像的选择与变换/3-6图片，通过移动工具 ，将其拖入效果图文件中，通过自由变换命令将其合理放置在右墙位置上，如下图。

（12）打开光盘练习文件/第3章图像的选择与变换/3-7图片，通过移动工具 ，将其拖入效果图文件中，通过自由变换命令将其合理放置在右墙位置上，如下图。

（13）打开光盘练习文件／第3章图像的选择与变换／3-8图片，通过移动工具 ，将其拖入效果图文件中，通过自由变换命令将其合理放置在右墙位置上，如下图。

（14）打开光盘练习文件／第3章图像的选择与变换／3-9图片，通过移动工具 ，将其拖入效果图文件中，通过自由变换命令将其合理放置在左墙位置上，如下图。

（15）打开光盘练习文件／第3章图像的选择与变换／3-10图片，通过移动工具 ，将其拖入效果图文件中，通过自由变换命令将其合理放置在天花板的位置上，如下图。

（16）在图层面板中，选择天花板所在的图层，然后通过加深工具  把灯所在的区域加深，形成灯的阴影，如下图。

（17）打开光盘练习文件/第3章图像的选择与变换/3-11图片，首先在图层面板中点击最上面的一个图层，然后通过移动工具 ，将其拖入效果图文件中，通过自由变换命令将其合理放置在天花板的位置上，并通过快捷键Ctrl+J(自动复制该图层)，复制灯具，并通过移动工具 移动到相应位置，通过自由变换工具将其适当缩放，如下图所示，完成整个效果图的制作。

课后练习

1. 单选题

（1）套索工具中没有下列哪一样？[　　]。

    A　套索工具　　　　　　　　B　多边形套索工具

    C　磁性套索工具　　　　　　D　规则套索工具

（2）在选择菜单栏中，修改命令不包括[　　]。

    A　羽化　　　　B　调整　　　C　平滑　　　D　收缩

（3）在选择菜单栏中，要精确定义色彩范围，应调整[　　]。

    A　颜色容差　　　B　羽化　　　C　色域　　　D　频率

（4）自由变换的快捷键是[　　]。

    A　Ctrl+T　　　B　Ctrl+L　　　C　Shift+T　　　D　Shift+L

（5）下列工具中，能够较快将主体图形从色彩较相似的背景中选择出来的是[　　]。

    A　多边形套索工具

    B　套索工具

    C　魔术棒工具·

    D　磁性套索工具

2. 填空题

（1）用矩形选框工具选择正方形应该按住 ____ 键。

（2）在"选择"菜单栏下的"调整边缘"命令包括了 ____、____、____、____ 和 ____ 五个子项内容。

（3）在"编辑"菜单栏下的"描边"命令包括 ____、____、____、____、____ 和 ____ 六个设定值。

3. 简答题

（1）简述"编辑"菜单栏下的"变换"命令包括哪些内容，并分别说明其用法？

（2）分析魔棒工具和快速选择工具的区别与联系？

第4章

路径、形状与文字

本章重点

- ■ 掌握路径工具的使用方法和技巧
- ■ 熟悉形状工具的使用
- ■ 能够熟练运用文字工具来编排文字和制作特殊效果

本章难点

- ■ 路径与形状的区分与联系
- ■ 路径与文字的衔接与使用
- ■ 文字的综合处理

4.1 路径工具的使用

所谓路径，是在屏幕上表现为一些不可打印、不活动的矢量形状。路径由钢笔工具创建，并用钢笔工具的同级其他工具进行修改。路径由定位点和连接定位点的线段（曲线）构成；每一个定位点还包含了两个句柄，用以精确调整定位点及前后线段的曲度，从而匹配想要选择的边界。

路径工具有两个子工具组，分别是路径绘制工具组和路径选择工具组，分别负责工具的绘制和移动。

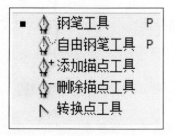

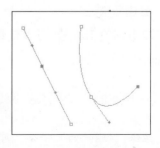

路径绘制工具组　　　　　　　路径选择工具组　　　　　　　路径样式

4.1.1 路径绘制工具组

钢笔工具

钢笔工具 ✐ 可以创建精确的直线和平滑流畅的路径曲线。对于大多数用户而言，钢笔工具提供了最佳的绘图控制和最高的绘图准确度。是选择和绘制精准图像的最佳选择。

钢笔工具使用方法：在工具箱中选择"钢笔工具"，在工具属性栏中进行相应设置，然后在需要选择或绘制的图像上勾划出图像的大致轮廓。

注释：

① "形状图层"命令，可使路径绘制图像以形状的状态显示。

"路径"命令，可使路径绘制图像以路径的状态显示。

"填充像素"命令，可使路径绘制图像以像素的状态显示。

②图片从左到右，从上到下依次是原图、钢笔路径、形状图层和像素的效果图像。

自由钢笔工具

自由钢笔工具 ✐ 可以快速创建不精准的平滑流畅的路径曲线。使用方法与钢笔工具相似。

注释： "磁性的"命令，可使自由钢笔命令在选择图像时具有磁性套索一样的功能，能够自动捕捉图像边缘线。

绘制直线路径的方法

① 点击钢笔工具 ，将钢笔指针定位在直线段的起点并点按，以定义第一个描点。

② 在直线第一段的终点再次点按，完成一条路径线段。

③ 继续点按，为其他的段设置描点（按住Shift键点，该段的角度被限制为45°角的倍数）。

④ 直到完成路径大轮廓。

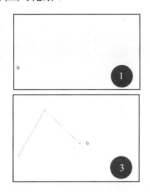
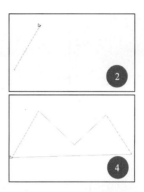

注释：最后一个描点总是实心方形，表示处于选中状态。当继续添加描点时，以前定义的描点会变成空心方形。

如果选定了"自动添加／删除"选项，点按现有点可将其删除。

添加描点工具

添加描点工具 可以方便地在路径上添加描点，并可以自由地改变路径的方向和形状，与钢笔工具联合使用，基本上就能够满足路径选取的各种需求。

使用方法：首先用钢笔工具绘制出图像的大轮廓线，然后点击添加描点工具 ，并请执行下列操作之一。

① 如果要添加描点但不更改线段的形状，请点按路径。

② 如果要添加描点并更改线段的形状，请拖移以定义描点的方向线。

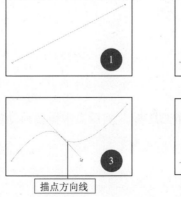
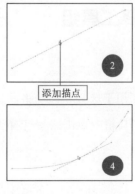

添加描点

描点方向线

注释：一条线段上可以添加多个描点，也可以对每个描点进行编辑。

在定义描点方向线时，需要选择方向线顶端，然后左右上下移动即可。

删除描点工具

删除描点工具 与添加描点工具相反，用于删除路径上的描点。

使用方法：与添加描点相似，但在执行过程中要注意路径的改变。

点按描点将其删除，路径的形状重新调整以适合其余的描点。

拖移描点将其删除，线段的形状随之改变。

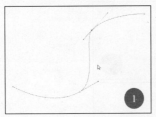  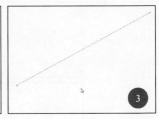

转换点工具

转换点工具 可以使描点在平滑点和角点之间进行转换：

使用方法：选择转换点工具 ，并将指针放在要更改的描点上，更改该点的曲直。

如果要将平滑点转换成没有方向线的角点，请点按平滑描点。

如果要将平滑点转换为带有方向线的角点，一定要能够看到方向线。然后，拖移方向点，使方向线对断开。

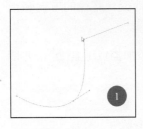   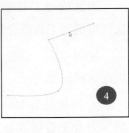

转换描点　　　　　调节方向线

4.1.2　路径选择工具组

路径选择工具

路径选择工具 用于选择和移动路径。

使用方法：在工具箱中点击路径选择工具 ，然后点中需要移动的路径，用鼠标移动即可。

直接选择工具

直接选择工具 用于选择和修改路径。

使用方法：在工具箱中点击直接选择工具 ，然后点中需要移动的路径（路径线），可以移动路径；点击节点和方向调节线，可以修改路径。

路径调板栏

在软件的界面的右下方有"图层/通道/路径"调板栏，点击路径栏，点击路径栏进入路径调板。

在路径调板中包括原始路径和工作路径两部分，原始路径当图像打开时，原始路径自动生成，工作路径需要用上节所讲路径绘制方法进行绘制。

在路径调板栏下部有六个图像按钮，分别是用前景色填充路径、用画笔描边路径、将路径作为选区载入、从选区生成工作路径、创建新路径、删除当前路径。

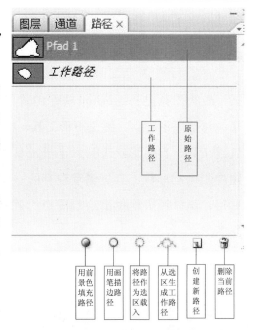

用前景色填充路径：可以用前景色填充路径封闭空间，相当于选择/填充命令。

用画笔描边路径：可以用前景色填充路径封闭空间，相当于选择区域/填充命令。

将路径作为选区载入：可以用前景色沿路径线描边，相当于选择区域/描边命令。

从选区生成工作路径：可以将选区变化成路径，并可以进行相应的路径编辑。

创建新路径：新建一个工作路径。

删除当前路径：删除当前选中的路径。

注释：

① 设置下列工具特定选项。

如果要在点按线段时添加描点和在点按线段时删除描点，请选择选项栏中的"自动添加/删除"描点。

② 图片从左到右依次是路径选择、用前景色填充路径、画笔描边路径、将路径作为选区载入的效果图像。

4.2 形状工具组

　　形状工具是 Photoshop 软件内置的将一些常见的矢量图形。包括矩形工具、圆角矩形工具、椭圆工具、多边形工具、直线工具、自定形状工具六个子工具。与路径工具偏向选择图像相比，形状工具更侧重现有的一些图形。对形状工具的使用，可以极大地提高绘制图形的效率，也可以更精确的绘制图形。

■	▢	矩形工具	U
	◺	圆角矩形工具	U
	○	椭圆工具	U
	⬠	多边形工具	U
	＼	直线工具	U
	✿	自定形状工具	U

矩形工具

　　矩形工具 ▢ 可以创建一个矩形形状（如果按住 Shift 键可以创建正方形）。工具属性栏上可以在形状、路径、像素三者种选择其一，分别创建形状图层、路径和图像。同时可以调节形状组合方式，可以方便地绘制各种矩形。

圆角矩形工具

　　圆角矩形工具 ◺ 可以创建一个圆角矩形形状（路径、像素）。在半径选框中可以调节圆角的半径，数值越大，该角度越圆滑。

椭圆工具

　　椭圆工具 ○ 可以创建一个椭圆形状（如果按住 Shift 键可以创建圆形）。使用方法与矩形工具相同。

多边形工具

　　多边形工具 ○ 可以创建各种多边形形状（多边形都为正多边形）。在"边"选框中可以调节边的多少，数值越大，边数越多。

直线工具

直线工具 ╲ 可以创建各种直线（如果按住Shift键可以创建水平线和垂直线）。工具属性栏上可以调节线条的粗细，数值越大，线条越粗。

自定形状工具

自定形状工具 ♔ 可以创建各种形状（如果按住Shift键可以等比例放大缩小）。工具属性栏上可以点击形状按钮，数值越大，线条越粗，弹出各式形状，如对形状素材不满意，还可点击形状后的小三角符号，弹出下拉对话框，有更多形状供选择。

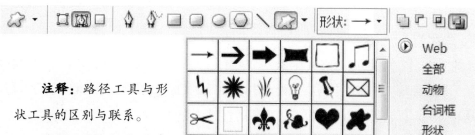

注释：路径工具与形状工具的区别与联系。

路径工具主要用来精确选择图像和勾画图形，但它同时也可以绘制形状图层。

使用方法，单击钢笔工具，然后在工具属性栏中选择"形状图层"按钮，就可以在画面中绘制形状图层了。

形状工具主要用来存储和修改固定图形,但它同时也可以勾画路径。使用方法:单击形状工具,然后在工具属性栏中选择"路径"按钮,就可以将形状以路径方式显现。

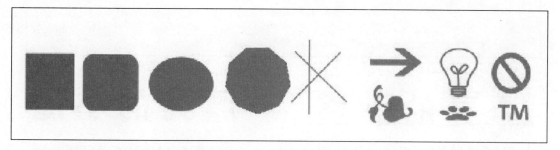

注释：图片从左到右依次是矩形工具、圆角矩形工具、多边形工具、直线工具、各种自定义形状工具效果。

4.3 文字工具组

文字工具组用于书写文字和创建文字蒙版。包括横排文字工具、直排文字工具、横排文字蒙版工具、直排文字蒙版工具四个子工具。

■ **T** 横排文字工具	T
↓T 直排文字工具	T
⫶T⫶ 横排文字蒙版工具	T
⫶↓T⫶ 直排文字蒙版工具	T

Photoshop可以精确地控制文字图层中的单个字符，包括字体、大小、颜色、行距、字距微调、字距调整、基线移动及对齐。可以在输入字符之前设置文字属性，也可以重新设置这些属性，以更改文字图层中所选字符的外观。

横排文字工具

横排文字工具 **T** 能够横向书写各种文字。使用方法有两种，第一种是选择文字工具按钮，并将鼠标在图像窗口中需要书写文字处点击，光标会变成竖向闪烁线，此时就可以输入文字了，这种方式可以无限制的横向书写，如要转行需点击回车键。第二种是选择文字工具按钮，并在图像窗口中需要书写文字区域拖动鼠标，出现一个虚线矩形框，光标会变成竖向闪烁线，和上面输入文字方法相同，但这种文字输入方式可以在虚线矩形框边缘处自动转行。两种方法无优劣之分，可根据书写习惯自己选择。

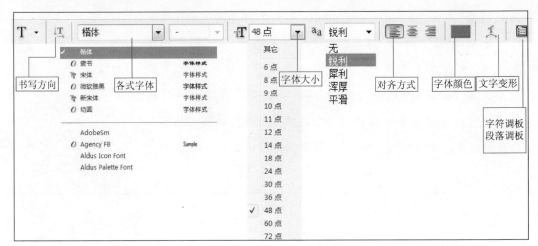

注释： 横排文字的书写方式从左到右依次是选框书写、直接书写。

点击工具属性栏的"显示/隐藏字符和段落"调板或在"窗口"菜单栏中点击字符调板和段落调板，可以打开下面的调板栏。通过下面的调板可以完成大部分的文字编辑工作。

注释： 字体编辑从左到右依次是仿粗体、仿斜体、全部大写、首字母大写、上标、下标、下划线、删除线。

注释： 对齐方式从左到右依次是左对齐、居中对齐、右对齐、最后一行左对齐、最后一行居中对齐、最后一行居右对齐、全部对齐。

我不知道风
是在那一个方向吹
我是在梦中，
在梦的轻波里依洄。

我不知道风
是在那一个方向吹
我是在梦中，
在梦的轻波里依洄。

我不知道风
是在那一个方向吹
我是在梦中，
在梦的轻波里依洄。

注释： 文字的对齐方式从左到右依次是左对齐、居中对齐、右对齐。

直排文字工具

直排文字工具 |T| 能够竖向书写各种文字，使用方法与横排文字工具相同。

注释： 横排文字的书写方式从左到右依次是选框书写、直接书写。

横排文字蒙版工具

横排文字蒙版工具 |T| 能够横向书写各种文字并将该文字转变成文字蒙版，在对该蒙版处理的基础上，最终将输入的文字变成文字选区。

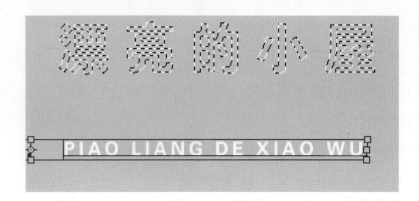

注释： 蒙版是一种有效的颜色遮照方式，分为快速蒙版模式和图层蒙版模式两种形式。文字蒙版工具就属于快速蒙版模式。

直排文字蒙版工具

直排文字蒙版工具 |T| 能够建立竖向文字蒙版。使用方法与横排文字蒙版工具相同。

点击鼠标右键，会弹出下拉菜单，包括刚才所讲的大部分内容都可以在这里进行设置。

基于文字创建工作路径

基于文字创建工作路径可以将字符作为矢量形状处理。工作路径是出现在"路径"调板中的临时路径。基于文字图层创建工作路径之后，就可以像任何其他路径那样存储和操纵。但此时不能将该路径中的字符作为文本进行编辑。

使用方法：选择文字图层，并选取"图层"/"文字"/"创建工作路径"。

注释：不能基于不包含轮廓数据（如位图字体）的字体创建工作路径。

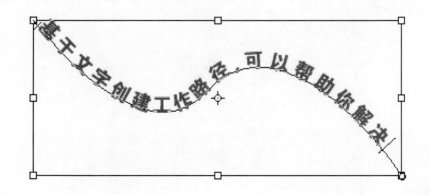

将文字沿路径方向变换

Photoshop CS3有一个很好的功能，就是可以让文字沿路径的轨迹进行书写。

使用方法：首先用钢笔工具在画面中绘制出一条任意路径，然后选择文字工具，将工具放置在路径前，在文字按钮改变形状时就可以使用。

课堂练习1：贺年卡

（1）打开光盘练习文件/第4章路径形状与文字/4-1。

（2）设置前景色为白色，点击自定义形状工具 ，在工具属性栏中按照下图进行设置，依次为"填充像素"、"自定义形状"、"模式正常"、"不透明度为100%"，选择相应形状并绘制在画面右上角，如下图。

注释： 在形状下电击右边的小三角形按钮，在下拉菜单中选择"全部选项"，并点击相应形状。

（3）点击文字工具 **T**，设置工具属性栏的字体为"黑体"，大小为"32点"，颜色为"白色"。在标志下面书写"2008"，如下图。

（4）点击文字工具 T，设置工具属性栏的字体为"Monotype Corsiva"，大小为"36点"，颜色为"深红色"。在图片左下角书写"HAPPY NEW YEAR"。然后新建一个图层，用矩形工具 ▢ 画出一个矩形，宽度与"2008"字样相近，如下图。

（5）点击文字工具 T，设置工具属性栏的字体为"黑体"，大小为"18点"，颜色为"白色"。在矩形框上面书写"恭贺新年"，如下图。

（6）点击钢笔工具 ✍，在画面中绘制一个折线，然后通过转换点工具 ⋀ 将折线变成曲线，如下图。

（7）点击文字工具 **T**，设置工具属性栏的字体为"黑体"，大小为"18点"，颜色为"深红色"。然后将文字工具移动到路径外围处，文字工具会改变形状，然后单击鼠标，就可以输入文字，如下图。

（8）按照你的喜好输入相应的文字，如下图。

（9）通过移动工具 将文字移动到相应位置，如还需添加文字，可以用刚才的方法添加即可，如下图。

课堂练习2：联体字

（1）打开光盘练习文件/第4章路径形状与文字/4-2。

（2）在工具箱中选择文本工具，在工具属性栏中设置字体为Arial（罗马体），大小为180点，颜色为红色，在新图像中输入数字"2"。

（3）使用相同的方法分别输入两个"0"和一个"8"，颜色分别为蓝、绿、黄。每个数字占一个文字图层。

（4）调整各个图层之间的位置关系，使相邻各个数字相互重叠。并处于同一水平线上，如下图。

（5）选择文字所在图层，点击右键，从下拉菜单中选择"删格化文字"选项，将各个文本层转化为普通层。

（6）按住Ctrl键在图层面板中单击"2"所在的图层，将数字"2"选中，如下图。

（7）在工具箱中选择橡皮擦工具，设置大小为"13"，然后选择蓝色"0"所在图层，将"2"与"0"相交的上部区域擦除。

（8）用同样的方法，依次类推可以擦除剩下几组文字的上面部分，最终结果如下图所示：

综合练习：广告设计

（1）新建文件，名称为广告设计，宽度为26厘米，高度为17厘米，分辨率为100像素/英寸，RGB颜色，背景为白色，如下图。

（2）如下设置前景色(左图)、背景色（中图)，选择渐变工具，在工具属性栏中设置渐变样式为"从前景色到背景色"，渐变方向为"线性渐变"，然后在画面上从左上角向右下角进行渐变填充。

（3）点击前后景色调换按钮，选择形状工具，在工具属性栏中设置形状为"填充像素"，形状样式为"雪花3"，然后在画面上从右上角和左下角分别拉伸（按住Shift键)出一个雪花图案,如下图。

（4）打开光盘练习文件/第4章路径形状与文字/4-3。点击钢笔工具，选择图像大轮廓，如左图。点击添加描点工具，将大轮廓沿人的轮廓线细致勾画，如中图。完成后的样式，如右图。

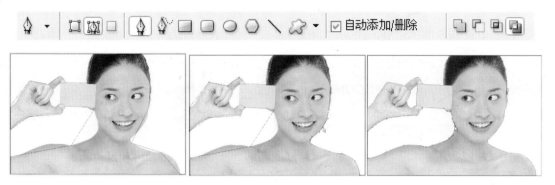

（5）点击路径调板，在下方按钮中选择"路径作为选区载入"项，将路径变成选区，如下左图。

（6）选择"移动工具"，将人物图像移动到文件中，如下右图。

（7）选择"文字工具"，设置字体为"Arial"、大小为"80"、字间距为"10"、"斜体"、颜色为"灰色"，书写上"Beautiful"，并放置在左下方图。用同样方法，设置字体为"宋体"、大小为"36"，书写上"漂亮女孩爱自己"。设置字体为"黑体"、大小为"24"，书写上"亮倩（中间空9格）美白保湿霜系列"，如下图。

（8）在刚才空格处输入文字"LIANGQIAN"，字体为"黑体"、大小为"24点"、"斜体"。

（9）用鼠标点击"LIANGQIAN"所在图层，将该图层变成选区，并新建一个图层，在"编辑"菜单栏中选择"描边"命令，设置宽度为"1px"，颜色为"蓝色"、位置为"居外"，将选区描边。最后删除"LIANGQIAN"所在图层，结果如下图。

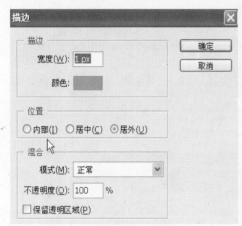

（10）用同样的方法为其他文字图层描上白边。设置宽度为"2px"，颜色为"白色"、位置为"居外"。不需删除文字所在图层，结果如下图。

（11）选择形状工具，在工具属性栏中设置形状为"填充象素"，形状样式为"花形饰件4"，模式为"正常"、不透明度为"50%"，然后在画面右下方画出一个白色的花形图案，如下图。

（12）打开图4-4,用钢笔工具勾出化妆品主体轮廓，并用移动工具移动到花形图案的上方，通过Ctrl+T(自由变换时按住Shift键)将化妆品缩小到适当位置，如下图。

（13）打开图4-5,用移动工具将"亮倩"标志移动到名片卡上。通过文字工具书写"我的美白名片"，字体为"黑体"、大小为"10"，最后通过"编辑"/"描边"命令为文字描边，最终效果如右图。

课后练习

1. 单选题

（1）将选区转换成路径时，所创建的路径是[　　]。

    A　工作路径　　　　　　　　B　形状路径

    C　剪切路径　　　　　　　　D　文字路径

（2）转换点工具可以用来[　　]。

    A　移动路径　　　B　调整路径　　　C　创建路径　　　D　删除路径

（3）在路径或形状工具属性栏中，设定路径样式内容不包括[　　]。

    A　形状图层　　　B　路径　　　C　填充像素　　　D　文字

（4）文字工具的快捷键是[　　]。

    A　T　　　　B　C　　　　C　L　　　　D　P

（5）文字蒙版工具主要用来[　　]。

    A　书写各种文字

    B　将选区变成书写文字

    C　将书写文字变成选区

    D　对文字进行变形

2. 填空题

（1）钢笔工具的快捷键是_____。

（2）形状工具包括_____、_____、_____、_____、_____和_____六个子工具。

（3）在"字符"调板下的文字样式有_____、_____、_____、_____、_____、_____、_____、_____八种。

3. 简答题

（1）简述"创建文字变形"命令包括哪些内容，并简要说明其用法？

（2）分析路径工具和形状工具的区别与联系？

第5章

图像的画面调节

本章重点

- 掌握图像调整的各种使用方法,并能够灵活选用
- 掌握图像画布的基本设置方法
- 熟悉图像画面调节的综合技巧

本章难点

- 曲线命令的使用方法
- 通道混合器命令的使用方法
- 图像调节与画面的匹配

图像调整命令在图像修饰中是一项非常重要的内容,通过该命令的使用,可以对图像色彩进行全方位的设置和调整,是大家学好软件的必备知识。

注释: 图像颜色模式见1.3.2节颜色模式部分。

5.1 色彩校正命令

色阶

色阶可以作为图像基本色调的直观参考,可以设置图像中的暗调、中间调和高光。还可以更改灰色调中间范围的亮度值。快捷键为 "Ctrl+1"。

通过直方图下方的滑块,可以设置图像中的暗调（左边的区域为暗调）、中间调（中间的区域为中间调）

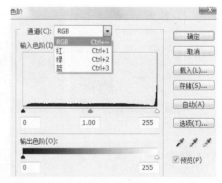

和高光（右边的为高光）。还可以使用栏中间的滑块,更改灰色调中间范围的亮度值,而不会显著改变高光和暗调。

注释: 图片从左到右,从上到下依次是原图、高光、暗调、中间调演示图像。

自动色阶

将通道中的最亮和最暗像素颜色定义为白色和黑色,然后按比例重新分布中间像素

值。因为"自动色阶"单独调整每个颜色通道，所以可能会消除或引入色偏"自动色阶"命令自动移动"色阶"滑块以设置高光和暗调。快捷键为"Ctrl+Shift+1"。

在像素值平均分布的图像需要简单的对比度调整时或在图像有总体色偏时，"自动色阶"会得到较好的效果。但是，手动调整"色阶"或"曲线"控制会更精确。

自动对比度

"自动对比度"命令自动调整图像中颜色的总体对比度。因为"自动对比度"不个别调整通道，所以不会引入或消除色偏。它将图像中的最亮和最暗像素映射为白色和黑色，使高光显得更亮而暗调显得更暗。快捷键为"Alt+Ctrl+Shift+1"。

"自动对比度"命令可以改进许多摄影或连续色调图像的外观，但不能改进单色图像。

自动颜色

"自动颜色"命令通过搜索实际图像来调整图像的对比度和颜色。它根据在"自动校正选项"对话框中设置的值来中和中间调并剪切白色和黑色像素。快捷键为"Ctrl+Shift+B"。

注释： 图片从左到右依次是原图、自动色阶、自动对比度、自动颜色演示图像。

曲线

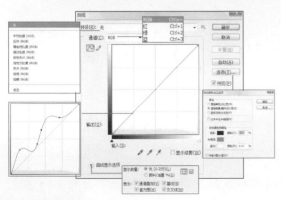

曲线命令和色阶命令类似，都是用来调整图像的色调范围，不同的是色阶只能调整亮度、暗度和中间度，而曲线可以调节灰阶曲线中的任何一点。色调调整主要是通过绘制曲线来完成的。快捷键为"Ctrl+M"。

注释:

① 图片从左到右依次是原图、变暗、变亮、加强对比演示图像。

② 在曲线上单击鼠标,会增加一个调节点(最多可增加到14个调节点)。拖动调节点,就可以调节图像的色彩了。将一个调节点拖出图表或选择一个调节点后按Delete键就可以删除调节点。用鼠标拖动曲线的端点或调节点,直到图像效果满意为止。

③ 曲线调整的对话框中,通道下拉列表选项栏和色阶相同,可以在这里对通道进行选择,使用方法也一样。打开对话框时,曲线图中的曲线处于缺省的"直线"状态。曲线图有水平轴和垂直轴,水平轴表示图像原来的亮度值,相当于色阶中的输入项;垂直轴表示新的亮度值,相当于色阶对话框中的输出项。

④ 水平轴和垂直轴之间的关系可以通过调节对角线(曲线)来控制:

ⅰ 曲线右上角的端点向左移动,增加图像亮部的对比度,并使图像变亮(端点向下移动,所得结果相反)。曲线左下角的端点向右移动,增加图像暗部的对比度,使图像变暗(端点向上移动,所得结果相反)。

ⅱ 利用"调节点"控制对角线的中间部分(用鼠标在曲线上单击,就可以增加节点)。曲线斜度就是他的灰度系数,如果在曲线的中点处添加一个调节点,并向上移动,会使图像变亮。向下移动这个调节点,就会使图像变暗。另外,也可以通过输入和输出的数值框控制。

ⅲ 如果想调整图像的中间调,并且不希望调节时影响图像亮部和暗部的效果,就得先用鼠标在曲线的1/4和3/4处增加调节点,然后对中间调进行调整。

色彩平衡

如果照片出现明显的偏色,那么可以用色彩平衡命令来纠正,此命令可以调整各种色彩的细微差别,并且能够对每个颜色层次进行调节。快捷键为"Ctrl+B"。

注释: 图片从左到右依次是原图、偏红少青、偏绿少洋红、偏蓝少黄。

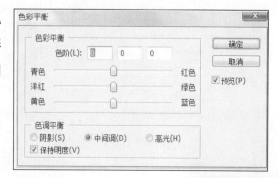

亮度/对比度

"亮度/对比度"命令可以对图像的色调范围进行简单的调整。与"曲线"和"色阶"不同，此命令对图像中的每个像素进行同样的调整。"亮度/对比度"命令对单个通道不起作用，建议不要用于高端输出，因为它会引起图像中细节的丢失。

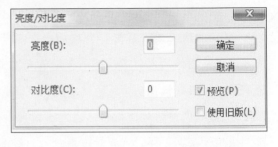

向左拖移降低亮度和对比度，向右拖移增加亮度和对比度。每个滑块值右边的数值显示亮度或对比度值。数值范围可以从 − 100 到 +100。

注释：图片从左到右依次是亮度高、亮度低、对比强、对比弱。

5.2 色调调整命令

黑白

能够将图像中的 RGB 颜色转变成黑白状态，同时还可以在对话框里进行颜色的灰度操作，制作成不同的单色照片。快捷键为"Alt+Ctrl+Shift+B"。

注释：图片从左到右依次是原图和黑白图像。

色相/饱和度

"色相/饱和度"命令可以调整整个图像或图像中单个颜色成分的色相、饱和度和明度。快捷键为"Ctrl+U"。

色相选项：用于修改图像颜色。可通过在数值框中输入数值或拖动滑块左右移动来进行调整。

饱和度选项：用于修改图像的饱和度，数值越小，越接近黑白图像。

明度选项：用于调整图像的亮度，数值越大图像越亮，反之数值越小，图案越暗。

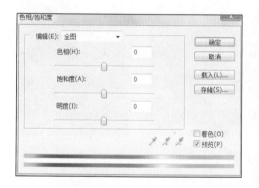

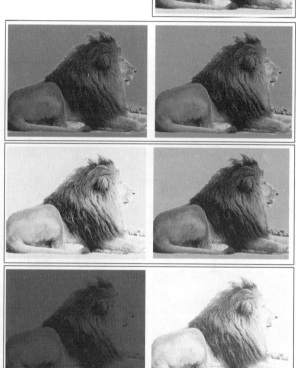

注释：图片从上到下,从左到右依次是原图、偏紫图像、偏绿图像、饱和度强、饱和度弱、明度低、明度高。

去色

"去色"命令将彩色图像转换为相同颜色模式下的灰度图像。例如，它给 RGB 图像中的每个像素指定相等的红色、绿色和蓝色值，使图像表现为灰度。每个像素的明度值不改变。快捷键为"Ctrl+Shift+U"。

此命令与在"色相/饱和度"对话框中将"饱和度"设置为 － 100 有相同的效果。

注释：

① 如果正在处理多层图像，则"去色"命令仅转换所选图层。

② 图片从左到右依次是原图和去色效果演示图像。

匹配颜色

在同一场所拍摄的照片，有时候需要表现为不同的色调，同时也可以把完全不同的图像表现成同种色调，就可以运用匹配颜色命令。

替换颜色

替换颜色命令的作用是替换图像中的某个特定范围的颜色。用吸管工具在图像中吸取要替换的颜色，利用色相、饱和度、亮度滑块进行调整。

注释： 图片从左到右依次是原图、替换颜色和色相效果演示图像。

可选颜色

可选颜色命令的功能是在构成图像的颜色中选择特定颜色进行删除，或者与其他颜色混合改变颜色。可选颜色是高端扫描仪和分色程序使用的一项技术，它在图像中的每个加色和减色的原色图素中增加和减少印刷色的量。可以校正CMYK颜色和RGB颜色以及将要打印的图像。

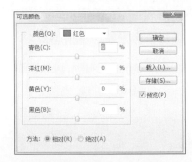

注释： 图片从左到右依次是原图和增加黄色色彩的演示图像。

通道混合器

利用通道混合器命令，用户可使用当前颜色通道的混合来修改颜色通道。使用这个命令可以完成下列任务：进行创造性的颜色调整，这是用其他颜色调整工具不易做到的；选取每种颜色通道并按一定百分比创建高品质的灰度图像；创建高品质的深棕色调或其他色调的图像；交换或复制通道。

注释： 图片从上到下依次是原图和使用橙色滤镜的黑白、红色通道加深的效果图像。

渐变映射

"渐变映射"命令将相等的图像灰度范围映射到指定的渐变填充色。如果指定双色渐变填充，例如，图像中的暗调一个颜色，高光另一个颜色，那么该图像变成两个端点间的颜色层次。若要从渐变填充列表中选取，请点按显示在"渐变映射"对话框中的渐变填充右边的三角形。默认情况下，图像的暗调、中间调和高光分别映射到渐变填充的起始（左端）颜色、中点和结束（右端）颜色。

注释：

① "仿色"添加随机杂色以平滑渐变填充的外观并减少带宽效果。"反向"切换渐变填充的方向以反向渐变映射。

② 图片从左到右从上到下依次是原图、单色渐变、双色渐变和多色渐变效果的演示图像。

照片滤镜

"照片滤镜"命令的功能相当于传统摄影中，滤光镜的功能，即模拟在相机镜头前加上彩色滤光镜，以便调整到达镜头光线的色温与色彩的平衡，从而使胶片产生特定的曝光效果。

注释：图片从左到右依次是原图、偏黄曝光、偏紫曝光效果演示图像。

阴影/高光

"阴影/高光"命令适用于校正由强逆光而形成剪影照片，可用于使暗调区域变亮；或者校正由于太接近相机闪光灯而有发白焦点的照片，可用于降低高光区域的亮度。"阴影/高光"命令不是简单的变亮或变暗，而是基于暗调或高光区周围像素（局部相邻像素）进行协调性的增亮或变暗。

注释：图片从左到右依次是增加阴影和增加高光的演示图像。

曝光度

"曝光度"命令是通过在线性空间而不是图像当前的颜色空间执行计算而得出的图像效果。

注释：

曝光度，调整色调范围的高光端，对极限阴影的影响很轻微。

偏移，使阴影和中间调变暗，对高光的影响很轻微。

灰度系数，使用简单的乘方函数调整图像灰度系数，负值会被视为它们的相应正值（即这些值仍然为负值，但会被调整，就像他们是正值一样）。

吸管工具，将调整图像的亮度值。

5.3 特殊色彩命令

反相

"反相"命令反转图像中的颜色。可以使用此命令将一个正片黑白图像变成负片，或从扫描的黑白负片得到一个正片。快捷键为"Ctrl+I"。

注释：

① 由于彩色打印胶片的基底中包含一层橙色掩膜，因此"反相"命令不能从扫描的彩色负片中得到精确的正片图像。当在幻灯片扫描仪上扫描胶片时，务必使用正确的彩色负片设置。

② 图片从上到下依次是原图和反向的效果图像。

色调均化

"色调均化"命令重新分布图像中像素的亮度值，以便它们更均匀地呈现所有范围的亮度级。在应用此命令时，Photoshop 查找复合图像中最亮和最暗的值并重新映射这些值，以使最亮的值表示白色，最暗的值表示黑色。之后，Photoshop 尝试对亮度进行色调均化处理，即在整个灰度范围内均匀分布中间像素值。

注释： 当扫描的图像显得比原稿暗，而想平衡这些值以产生较亮的图像时，可以使用"色调均化"命令。配合使用"色调均化"命令和"直方图"命令，可以看到亮度的前后比较。

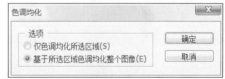

阈值

"阈值"命令将灰度或彩色图像转换为高对比度的黑白图像。可以指定某个色阶作为阈值。所有比阈值亮的像素转换为白色；而所有比阈值暗的像素转换为黑色。"阈值"命令对确定图像的最亮和最暗区域很有用。

注释：

① 可以使用两个颜色取样器的"信息"调板读数确定高光和暗调值。

② 图片从左到右依次是原图和

阈值效果演示图像。

色调分离

"色调分离"命令可以指定图像中每个通道的色调级（或亮度值）的数目，然后将像素映射为最接近的匹配色调。例如，在 RGB 图像中选取两个色调级可以产生六种颜色：两种红色、两种绿色、两种蓝色。

在照片中创建特殊效果，如创建大的单调区域时，此命令非常有用。在减少灰度图像中的灰色色阶数时，它的效果最为明显。但它也可以在彩色图像中产生一些特殊效果。

注释：如果想在图像中使用特定数量的颜色，则将图像转换为灰度并指定需要的色阶数。然后将图像转换回以前的颜色模式，并使用想要的颜色替换不同的灰色调。

变化

"变化"命令通过显示替代物的缩览图，可以调整图像的色彩平衡、对比度和饱和度。若要将颜色添加到图像，请点按相应的颜色缩览图。若要减去一种颜色，请点按其相反颜色的缩览图。

此命令对于不需要精确色彩调整的平均色调图像最为有用。它不能用在索引颜色图像上。

注释：

① 如果在"调整"子菜单中没有出现"变化"命令，说明"变化"增效工具模块尚未安装。

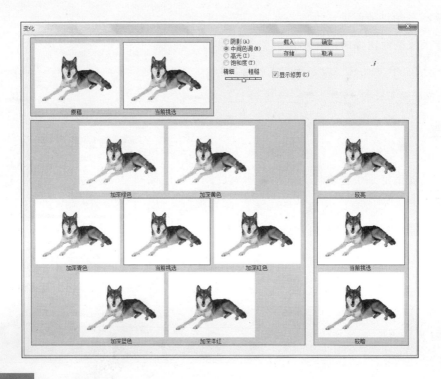

② 图片从左到右，从上到下依次是原图和各种颜色变化后的效果图像。

5.4 图像复制、应用及计算

复制
复制当前图像窗口，以图像副本建立一个新的窗口，并保存图层和通道相关信息。

应用图像
不同的图层图象通过混合模式可以合成一个图像。合成不同的图像文件时图像的尺寸必须保持准确一致。

计算
利用构成图像的通道的数学计算调整颜色。和应用图像命令一样，在合成不同的图像文件时，图像的大小必须一致才能调整图像颜色。

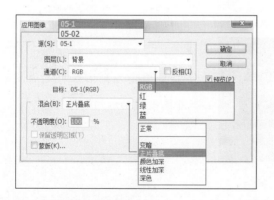

5.5 画布调节

图像大小
通过图像大小命令，可以查看并修改图像尺寸、打印尺寸和分辨率。但需要注意，一旦更改了图像的物理尺寸，像素尺寸也会随之发生变化，其结果就是图像品质受到影响，可能造成失真。

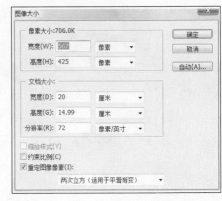

注释：

① 像素大小，设置图像的宽度和高度值，显示整体尺寸。

② 文档大小，以被输出的图像尺寸为基准，设置图像的宽度、高度和分辨率。

③ 约束比例，设置是否维持图像的宽度、高度。勾选这一选项后，图像的宽度和高度就会被固定，即使只输入宽度值，高度值也会根据原图像的比例发生变化。如果取消勾选，则与原图像的宽度、高度比例无关，图像的尺寸将会按照输入的值发生变化。

画布大小

与改变尺寸的图像大小命令不同，该命令调整的是要制作图像的区域。可以让用户修改当前图像的工作空间，即花布尺寸大小，也可以通过该命令减少画布尺寸来裁切图像。扩展的画布将显示与背景色相同的颜色和透明度。

注释：

① 当前大小，显示当前图像的宽度、高度以及文件容量。

② 新建大小，输入新调整图像的宽度、高度。原图像的位置是通过选择定位项的基准点进行设置的。例如，单击左上端的描点以后，原图像就会位于左上端，其他的则显示被扩大的区域。

③ 图像由左到右依次是原图和画布外围被裁切后的图像。

像素长宽比

"像素长宽比"命令将选中图像变为适合影像帧的图像。提供了多种尺寸的标准视屏设置，执行此命令可以在 Adobe Premiere 和 After Effects 中轻松地合成图像和影像。此外，也可以轻松地用数码相机拍摄的影像上制作帧图像或者插入图像。

注释： 如果想把图像变成影像帧图像，就要显示出内侧的动作安全线和外侧的标题安全线，防止标题和影像被切掉。

旋转画布

"旋转画布"命令能旋转整个图像。用户可以执行任意角度命令直接设置旋转角度，然后旋转图像。

注释：

① "变换"命令能够旋转部分选定的图像，"旋转画布"命令能旋转整个图像。

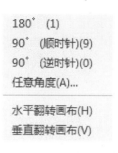

```
180°  (1)
90°  (顺时针)(9)
90°  (逆时针)(O)
任意角度(A)...

水平翻转画布(H)
垂直翻转画布(V)
```

② 图片从左到右依次是原图顺时针旋转90°和顺时针旋转90°后再垂直翻转画布的图像。

裁剪

"裁剪"命令能够裁剪选区以外的图像，保留选区图像。如果应用羽化值，则会连同应用羽化的部分一起被切掉。

裁切

"裁切"命令在裁剪的基础上可以设置基于像素颜色和裁切掉的方位。

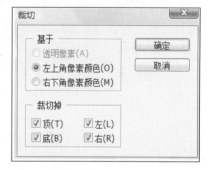

显示全部

通过判断图像中的像素的存在区域，从而自动扩大显示范围，使整个图像可以全部显示在图像方框里。

5.6 变量、应用数据组和陷印

变量

在设计方案的某一个图层指定为变量，然后用不同的数据来为此变量赋值，在此所指的数据是用于替换指定为变量的图层的图像。

应用数据组

通过应用数据组操作，可以将当前操作的一变量的图像改变为赋予新值的图像外观。

陷印

输出图像的时候，重叠图像的边线部分，防止边线错位。

课堂练习1：老照片

（1）打开光盘练习文件/第5章图像的画面调节/5-1。

（2）选择"图像"菜单/"调整"/"曲线命令"，然后用鼠标在中间对角线上点击，然后向下拉伸或者在输出、输入选框中输入以下数值也可，将画面变暗，如下图。

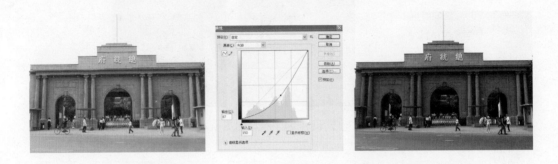

注释：左图为原始图像，中图为曲线调整，右图为调整后的图像。

（3）选择"图像"菜单/"调整"/"色相/饱和度"命令，将图像饱和度设为－20，色相和明度暂时保持不变，降低图像的饱和度，如下图。

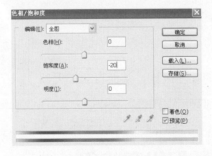

（4）选择"图像"菜单/"应用图像"命令，将混合模式变成正片叠底，不透明度设为50%，其他内容保持不变，这个调整能够增加图像的丰富度，如下图。

（5）选择"图像"菜单/"调整"/"照片滤镜"命令，设置滤镜为棕褐色，饱和度为100%，并保留明度，将照片变成发黄的图片样式，如下图。

（6）选择"图像"菜单/"调整"/"亮度/对比度"命令，设置亮度为＋90、对比度为－30，点击确认。可以将照片变亮的同时色彩使对比度缩小，有一种做旧效果。最终效果如下图所示。

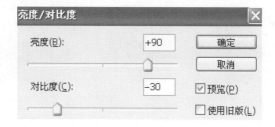

课堂练习2：缤纷图案

（1）打开光盘练习文件/第5章图像的画面调节/5-2，如下左图所示。

（2）执行"图像"/"调整"/"去色"命令，去掉图层的颜色，如下右图所示。

（3）在工具箱选择矩形选框，选取本层的左上角图像。如下左图所示。

（4）执行"图像"/"调整"/"色彩平衡"命令，如中图设置各参数。右图为最后效果。

（5）用同样的方法分别对图像的右上角、左下角、右下角进行选择和调整，执行"图像"/"调整"/"色彩平衡"命令时，可按下图的数据进行设置。

（6）执行"曲线"命令，按照下图设置参数，就能得到最后的效果。

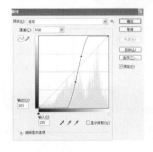 

综合练习：景观效果图

（1）新建文件，设置宽度为30厘米，高度为20厘米，分辨率为72像素/英寸，命名为"景观图"，如下图所示。

（2）打开光盘练习文件/第5章图像的画面调节/图5-3。将图片移动到新建文件中，然后选择加深工具和减淡工具，将天空上面部分加深，下面部分减淡；用同样的方法移入图5-4，将草地上面部分减淡，下面部分加深，如下图所示。

（3）打开光盘练习文件/第5章图像的画面调节/图5-4-1。将图片移动到新建文件中，通过自由变换工具缩放到适当大小，然后通过"色相/饱和度"命令，设置饱和度为－20，可以降低该花卉的饱和度，如下图所示。

（4）用同样的方法将图5-4-2和5-4-3放置在相应位置，如下图所示。

（5）打开图5-5,将图片移动到新建文件中，通过自由变换工具将建筑放大，并放置在图的右侧。然后通过曲线命令，按下图进行设置，将建筑适当变暗，如下图所示。

 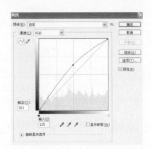

（6）再一次将图5-5移动到新建文件中，放置在图的中间，如下左图。最后再一次将图5-5移动到新建文件中，通过自由变换工具将建筑缩小，并放置在图的左侧。通过曲线命令，具体设置参见右图，将建筑适当变亮。

  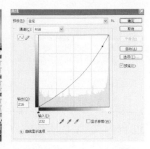

（7）将图5-6移动到新建文件中，放置在图的下半部分，如下左图。然后通过"色彩平衡"命令改变水景色彩，具体设置参见右图。

（8）打开图5-7-1,将图片移动到新建文件中，通过自由变换工具将树缩小到适当，并按下图样式进行放置。然后通过"色阶"命令，按下图进行设置，调整树的色阶，如下图所示。

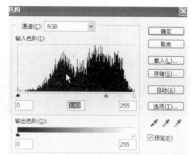

（9）打开图5-7-2,将图片移动到新建文件中，通过自由变换工具将树缩小到适当，并按下图样式进行放置。然后通过"阴影/高光"命令，按下图进行设置，调整树的阴影和高光，如下图所示。

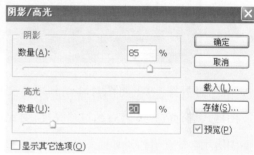

（10）打开图5-7-3,将图片移动到新建文件中，通过自由变换工具将树缩小到适当，并按下图样式进行放置。然后通过"曝光度"命令，按下图进行设置，调整树的曝光度，如下图所示。

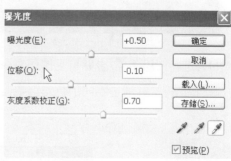

（11）打开图5-7-4,将图片移动到新建文件中，通过自由变换工具将树缩小到适当，并按下图样式进行放置。然后通过"应用图像"命令，按下图进行设置，结果如下图所示。

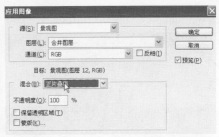

（12）打开图5-8,将图片移动到新建文件中，通过自由变换工具将图像缩小到适当。然后通过"通道混合器"命令，按下图进行设置，调整前景与整个图像的和谐度，如下图所示。

（13）打开图5-9-1,将图片移动到新建文件中，通过自由变换工具将树缩小到适当，并按下图样式进行放置。然后通过"亮度/对比度"命令，按下图进行设置，调整树的对比度，如下图所示。

（14）选择图层菜单/合并可见图层命令，然后可通过图像调整命令对整个景观图进行整体的调整和把握，并通过不同的色彩调整命令，感受Ps的无穷魅力。

课后练习

1. 单选题

（1）常见的色彩模式不包括 [   ]。

    A　RGB 颜色　　　　　B　可选颜色

    C　多通道颜色　　　　D　CMYK 颜色

（2）在图像菜单栏中，自动修改命令不包括 [   ]。

    A　自动颜色　　B　自动色阶　　C　自动曲线　　D　自动对比度

（3）"色相/饱和度"命令不包括哪个子命令？ [   ]。

    A　对比度　　B　色相　　C　饱和度　　D　明度

（4）"色彩平衡"命令的快捷键是 [   ]。

    A　Ctrl+C　　B　Ctrl+B　　C　Ctrl+U　　D　Ctrl+L

（5）下列哪种方法可以去掉某一个图层的颜色而对其他图层的颜色没有影响 [   ]。

    A　执行"灰度"命令

    B　执行"位图"命令

    C　将该图层执行"去色"命令

    D　将该图层执行"曲线"命令

2. 填空题

（1）"渐变映射"命令包括_____和_____两个子选项。

（2）"位/通道"数据在 Photoshop CS3 中有_____、_____、_____和_____四种。

（3）旋转画布有_____、_____、_____、_____、_____和_____六种旋转的方式。

（4）"色彩平衡"命令包括_____、_____、_____、_____、_____和_____六种颜色调整数据。

3. 简答题

（1）分别简述"应用图像"和"计算"命令的基本用法？

（2）分析图像大小和画布大小的区别与联系？

第 6 章

图层与通道应用

本章重点

- 掌握图层的种类并熟悉图层面版的使用
- 懂得通道的基本使用方法
- 能够熟练应用蒙版效果

本章难点

- 图层面版栏的使用
- 通道的概念及应用技法
- 图层效果的综合应用

6.1 图层命令

如果把 Photoshop 软件当作一本书，那么层就好像书中的每一页透明的纸，可以对层单独进行处理，而不会对原始图像有任何影响，层中的无图像部分是透明的。举个例子，好像将一张玻璃板盖在一幅画上，然后在玻璃板上作图，不满意的话，可以随时在玻璃板上修改，而不影响其下的画。在 Photoshop 中，这样的"玻璃板"可以有无限多层。

注释： 存在多个层的图像只能被保存为 Photoshop 专用格式，即 PSD 或 PDD 格式文件。

6.1.1 图层调板

图层调板列出了图像中的所有图层、图层组和图层效果。可以使用图层调板上的按钮完成许多任务。例如，创建、隐藏、显示、拷贝和删除图层。可以访问图层调板菜单和"图层"菜单上的其他命令和选项。

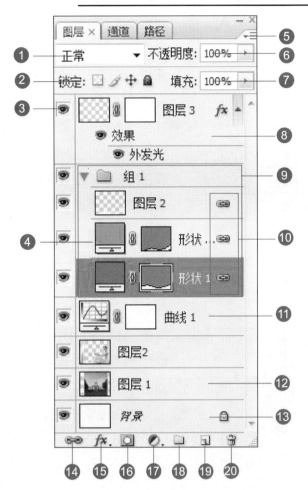

Photoshop CS3 图层调板:

1—图层混合模式

2—图层锁定

3—显示/隐藏图层

4—形状图层

5—图层调板菜单

6—不透明度调整

7—填充调整

8—图层效果（显示）

9—图层组（显示）

10—图层链接（显示）

11—新填充调整层（显示）

12—普通图层

13—背景图层

14—链接图层按钮

15—添加图层样式按钮

16—添加图层蒙版按钮

17—创建新的填充或调整图层按钮

18—创建新组按钮　　19—新建图层按钮　　20—删除图层按钮

图层混合模式

图层的混合模式用于该图层图像与图像中的下层图像进行混合，创建各种特殊效果。

注释：使用时可点击目标图层，并将鼠标放置在图层混合模式下拉菜单上的任何命令上，通过上下方向键可以演示每个命令的最终效果。

正常：编辑或绘制每个像素，使其成为结果色。这是默认模式。

溶解：根据任何像素位置的不透明度，结果色由基色或混合色的像素随机替换。

变暗：查看每个通道中的颜色信息，并选择基色或混合色中较暗的颜色作为结果色。比混合色亮的像素被替换，比混合色暗的像素保持不变。

正片叠底：查看每个通道中的颜色信息，并将基色与混合色复合。结果色总是较暗的颜色。任何颜色与黑色复合产生黑色。任何颜色与白色复合保持不变。当用黑色或白色以外的颜色绘画时，绘画工具绘制的连续描边产生逐渐变暗的颜色，形成多彩的魔幻图像。

| 正常 |
| 溶解 |
| 变暗 |
| 正片叠底 |
| 颜色加深 |
| 线性加深 |
| 深色 |
| 变亮 |
| 滤色 |
| 颜色减淡 |
| 线性减淡（添加） |
| 浅色 |
| 叠加 |
| 柔光 |
| 强光 |
| 亮光 |
| 线性光 |
| 点光 |
| 实色混合 |
| 差值 |
| 排除 |
| 色相 |
| 饱和度 |
| 颜色 |
| 明度 |

颜色加深：通过增加对比度使基色变暗以反映混合色。

线性加深：通过减小亮度使基色变暗以反映混合色。

深色：通过灰度调节颜色，将浅色加深。

变亮：选择基色或混合色中较亮的颜色作为结果色。比混合色暗的像素被替换，比混合色亮的像素保持不变。

滤色：将混合色的互补色与基色复合，结果色总是较亮的颜色。

颜色减淡：通过减小对比度使基色变亮以反映混合色。

线性减淡：通过增加亮度使基色变亮以反映混合色。

浅色：通过灰度调节颜色，将深色变浅。

叠加：图案或颜色在现有像素上叠加，并保留基色的明暗对比。

柔光：使颜色变亮或变暗，具体取决于混合色。

强光：复合或过滤颜色，具体取决于混合色。

亮光：通过增加或减小对比度来改变颜色，具体取决于混合色。

线性光：通过减小或增加亮度来改变颜色，具体取决于混合色。

点光：替换颜色，具体取决于混合色。如果灰色亮，则替换比混合色暗的像素，反之亦然。这对于向图像添加特殊效果非常有用。

实色混合：将实色进行有效混合。

差值：从基色中减去混合色，与白色混合将反转基色值；与黑色混合则不产生变化。

排除：创建一种与"差值"模式相似但对比度更低的效果。

色相：用基色的亮度和饱和度以及混合色的色相创建结果色。

饱和度：用基色的亮度和色相以及混合色的饱和度创建结果色。

颜色：用基色的亮度以及混合色的色相和饱和度创建结果色。

明度：用基色的色相和饱和度以及混合色的亮度创建结果色。

注释：图片从左到右，依次是原图和应用图层混合模式后的效果图。其中右图从左到右，从上到下依次是正片叠底、滤色、差值和色相混合效果。

图层锁定

可以全部或部分地锁定图层以保护其内容。图层锁定后，图层名称的右边会出现一个锁图标。当图层完全锁定时，锁图标为实心；当图层部分锁定时，锁图标为空心。

"锁定透明像素" ▦ 将操作限制在图层的不透明部分。"锁定图像像素" ▦ 防止使用绘画工具修改图层的像素。"锁定位置" ✛ 防止移动图层的像素。"锁定图像" 🔒 锁定该图层的所有内容。

显示/隐藏图层

图层可以显示或隐藏，在显示状态下可以看到该图层及该图层下方未被遮挡部分；隐藏状态下可以看到该图层下方的图像。显示/隐藏图层的方法是点击图层调板栏中的眼睛按钮。如只有图像只有背景图层，则图像不能隐藏。

注释：出现眼睛 👁，代表该图层处于显示状态；眼睛消失 ▢，图层隐藏。

形状图层

形状工具命令的图层载体 ▦🔗▦ 形状1，它能很好地保存形状的颜色、外形和路径节点，并能够在图像中进行再一次编辑和保存。必须与形状或路径工具一起使用。

文字图层

文字工具命令的图层载体，它能很好地保存文字的颜色、字体、大小和变形样式，并能够在图像中进行再一次编辑和保存。必须与文字工具一起使用。

图层调板菜单

图层调板菜单 ▾≡ 集中放置各种图层命令，用法与图层菜单栏一致。

不透明度调整

图层的不透明度和混合选项决定了其像素与其他图层中的像素相互作用的方式。

不透明度 不透明度: 100% ▸ ，用于设置图层总体的不透明度。图层的不透明度决定它遮蔽或显示其下图层的程度。不透明度为1%的图层显得几乎是透明的，而透明度为100%的图层显得完全不透明。左右拖动半透明度滑块即可调节。

注释：背景图层或锁定图层的不透明度是无法更改的。

填充调整

填充调整 填充: 100% ▸ 用于设置图层内部的不透明度。使用方法与不透明度调整相同。

普通图层

普通图层是与背景图层相区别的常规图层，也是图层编辑的主要载体。普通图层与背景图层可以相互转化。

背景图层

使用白色背景或彩色背景创建新图像时，图层调板中最下面的图像为背景图层。一幅图像只能有一个背景图层。您无法更改背景的堆叠顺序、混合模式或不透明度。可以将背景转换为常规图层。

注释： 通过将常规图层重命名为"背景"并不能创建背景，您必须使用"背景图层"命令。

链接图层

"链接图层" 命令可以将两个或更多的图层或图层组链接起来，一起移动或变换。从所链接的图层中，还可以进行拷贝、粘贴、对齐、合并、应用变换和创建剪贴组。

使用方法： 选择中需要链接的若干图层，然后点击"链接图层"命令按钮 即可。

添加图层样式

"添加图层样式" *fx* 命令提供了各种各样的图层样式效果，例如，暗调、发光、斜面、叠加和描边等。利用这些效果，您可以迅速改变图层内容的外观。当您移动或编辑图层效果内容时，图层内容也相应修改。例如，如果对文本图层应用投影效果，在编辑文本时投影将自动更改。

注释：

① 对背景、锁定的图层或图层组不能应用图层效果和样式。

② 样式调板栏里存储了大量的图层效果，可以直接应用和修改。

投影： 在图层内容的后面添加阴影。

内阴影： 紧靠在图层内容的边缘内添加阴影，使图层具有凹陷外观。

外发光和内发光： 添加从图层内容的外边缘或内边缘发光的效果。

斜面和浮雕： 对图层添加高光与暗调的各种组合。

光泽： 在图层内部根据图层的形状应用阴影，通常都会创建出光滑的磨光效果。

颜色、渐变和图案叠加： 用颜色、渐变或图案填充图层内容。

描边： 使用颜色、渐变或图案在当前图层上描画对象的轮廓。它对于硬边形状（如文字）特别有用。

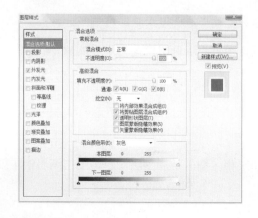

添加图层蒙版

当您要改变图像某个区域的颜色，或者要对该区域应用滤镜或其他效果时，"添加图层蒙版" 命令可以隔离并保护图像的其余部分。当选择某个图像的部分区域时，未选中区域将"被蒙版"或受保护以免被编辑。也可以在进行复杂的图像编辑时使用蒙版，比如将颜色或滤镜效果逐渐应用于图像。

使用方法：选择需要处理的图层，点击"添加图层蒙版"命令，该图层缩略图后面会出现一个蒙版区域，此时就可以进行蒙版编辑。编辑完成后还可以点击鼠标右键，在出现的下拉菜单中选择是否应用或删除蒙版。

注释：

① 蒙版分为图层蒙版和快速蒙版两种形式。图层蒙版用于像素处理，快速蒙版用于快速选择。

② 图片从左到右依次是原图和图层蒙版处理后的效果图像。

创建新的填充或调整图层

"创建新的填充图层" 命令可以用纯色、渐变或图案填充图层。与调整图层不同，填充图层不影响它们下面的图层。具体效果与图像渐变、填充和图像调整命令相似。

"创建新的调整图层"可以对图像试用颜色和色调调整，而不会永久地修改图像中的像素。颜色或色调更改位于调整图层内，该图层像一层透明膜一样，下层图像图层可以透过它显示出来。请记住，调整图层会影响它下面的所有图层。这意味着可以通过单个调整校正多个图层，而不是分别对每个图层进行调整。

注释：

① 调整图层只能在 Photoshop 中应用和编辑。

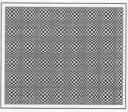

② 图片从左到右依次是原图、渐变、图案和色相饱和度的效果图像。

创建新组

图层组可以帮助组织和管理图层。使用图层组可以很容易地将图层作为一组移动、对图层组应用属性和蒙版以及减少图层调板中的混乱。在现有图层组中无法创建新图层组。

新建图层

可以创建空图层，然后向其中添加内容，也可以利用现有的内容来创建新图层。创建新图层时，它在图层调板中显示在所选图层的上面或所选图层组内。

复制图层

复制图层是在图像内或在图像之间拷贝内容的一种便捷方法。在图像间复制图层时，请记住：如果图层拷贝到具有不同分辨率的文件，图层的内容将显得更大或更小。

删除图层

删除不再需要的图层，可以减小图像文件的大小。

6.1.2　图层菜单栏

图层菜单栏是对图层调板命令的进一步完善和补充。在图层面板不能完成的一些内容在这里可以进行处理。图层菜单栏一方面可以完成图层调板中的新建、删除、复制图层、图层属性、图层效果、新填充调整图层、蒙版、图层组等命令；另一方面还可以完成删格化、智能处理、排列、对齐、图层合并等命令。图层菜单栏常用的命令如下。

新建图层：创建新的透明图层，快捷键Ctrl+Shift+N。

图层背景：将背景图层转变成普通图层。

组：创建新的图层组,快捷键Ctrl+G。

从图层建立组：在图层面板中将当前的链接图层创建为图层组。

通过拷贝的图层：将设置为选区的图像制作成新图层,快捷键Ctrl+J。

复制图层：复制图层面板上被选定的图层；也可以将选中图层拖入"新建图层" 按钮上进行复制。

删除：删除选定图层；与调板栏"删除图层" 按钮作用相同。

图层属性：更改选定图层的名称和颜色。

图层样式：将各种样式应用到图层中；与调板栏中"添加图层样式" **fx**按钮相同。

智能滤镜：嵌入各种滤镜数据。

新建填充图层：在图层上生成纯色、图案及渐变的新图层；与调板栏中 按钮同。

新调整图层： 创建新调整图层，可以在不损伤原图像的状态下调整颜色。

更改图层内容： 改变通过调整图层应用的效果。

图层内容选项： 可以改变图像上应用效果。

图层蒙版： 可以在选定的图层上进行相关的蒙版操作。

矢量蒙版： 可以在选定图层上进行相关的矢量蒙版操作。

创建剪贴蒙版： 生成剪切蒙版，快捷键 Alt+Ctrl+G。

智能对象： 可以把智能对象理解为一个库，在里面可以嵌入栅格或矢量图像数据。且嵌入的数据保留其原有特征，并可以在软件中编辑。

视屏图层： 可以打开和创建新的视屏图层。

3D 图层： 可以打开 3D Studio Max 文件。

文字： 可以更改或修改使用文字工具输入的文字图层。

栅格化： 将文字图层或形状图层转换成普通图层。

新建基于图层的切片： 以切片为基准新建图层。

图层编组： 将图层进行有序编组；与调板栏中 ▭ 按钮作用相同。

取消图层编组： 将已编好的组取消。

隐藏图层： 隐藏选定图层。

排列： 将选定图层移动到顶层，向前移动一层、向后移动一层、移动到底层。

对齐： 可以将选定图层上的图像与当前的选区对齐。

分布： 调整图层间隔。

锁定组内的所有图层： 可以使链接图层不移动，或者包含图层的图像。

链接图层： 可以将两个或多个图层链接在一起，使其中一个图层被移动、变形时其他被链接在一起的图层也会随之一起移动或变形；与调板栏中 ⇔ 按钮作用相同。

选择链接图层： 可以选择已经存在链接的图层，使其处于选中状态。

向下合并： 将选定图层与下级图层合并成一个图层。

合并可见图层： 将图层面板上显示的图层合并为一个图层,快捷键是 Ctrl+Shift+N。隐藏的图层将被保留。

拼合图像： 将图层面板上所有图层合并为一个图层。弹出对话框要求扔掉隐藏图层。

修边： 粘贴图像的同时清除其背景色。

6.2　通道命令

如果把 Photoshop 软件当作一本书，层是每一页透明的纸，那么通道就好像书中每一页上的颜色,可以对通道进行处理,从而有效地管理图像颜色。

6.2.1 通道调板

通道调板用来管理通道,并编辑图像的相关颜色设置,如下图所示。

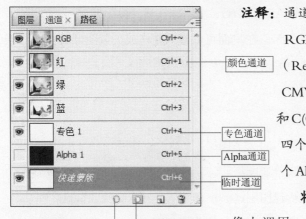

注释:通道的数目取决于所采用的颜色模式。如RGB模式就包含RGB(红绿蓝)通道和R(Red)、G(Green)、B(Blue)三个单色通道;CMYK模式就包含CMYK(青品黄黑)通道和C(Cyan)、M(Magenta)、Y(Yellow)、K(Black)四个单色通道。同时通道中还可以包含若干个Alpha通道、临时通道、专色通道。

将通道作为选区载入 ○ :可在当前图像上调用一个颜色通道的灰度值并将其转换为选择区域。

将选区存储为通道 ○:在创建为选区的情况下才能激活状态,单击可将选取区域保存到一个Alpha通道内。

创建新通道 □:在当前图像中创建一个新的Alpha通道。

复制通道:将需要复制通道拖到创建新通道按钮上。

删除通道 ⊟:删除选定的通道。

新建专色通道:创建新的专色通道。

合并专色通道:将专色通道合并后删除专色通道。

快速蒙版选项:显示出通道选项对话框,在这里设置蒙版的选择范围,更改蒙版的颜色和名称,也可以把Alpha通道转变成专色通道。

合并通道:执行此命令可以重新合并被分离的通道。

调板选项:选择通道面板上预览画面的大小,画面越大,图像处理越慢。

6.2.2 通道种类

颜色通道

在Photoshop中编辑图像时,实际上是在编辑颜色通道。颜色通道是用来描述图像色彩信息的彩色通道,可以选择所有的颜色也可以选择某一个单色进行编辑。它能够精确到某一个图层的某种颜色。使用方法：选择需要颜色效果变化的图层（选区），点击通道调板中的相关颜色通道，然后执行相关命令（如旋转、滤镜处理、色彩处理命令等）。

注释：图片从左到右依次是原图、黄色通道加深、洋红色通道旋转和青色通道扭曲的效果图像。

专色通道

专色通道是一类特殊的通道，它可以使用除了CMYK颜色以外的颜色来绘制图像。使用方法：点击通道调板中的扩展按钮，在弹出的下拉菜单中选择"新建专色通道命令"，建立专色通道。

Alpha 通道

Alpha通道相当于一个8位灰度色阶图，也就是有256个不同的灰度层次。它可以支持不同的透明度，相当于蒙版的功能，主要用来制作、删除、编辑和存储选区。使用方法：点击通道调板下方的"创建新通道"按钮，新建Alpha通道。

临时通道

临时通道是在通道面板中暂时存在的通道。临时通道存在的条件是当创建图层蒙版或进入快速蒙版状态，软件会自动生成临时蒙版通道。当删除图层蒙版或退出快速蒙版后，该临时通道会自动消失。使用方法：在图像中选择选区，点击工具栏下方的"快速蒙版"按钮 ▣ ，图像在默认状态下选区外围会被一层浅浅的红色覆盖，此时处于快速蒙版状态，通过画笔或橡皮擦工具绘制以增加或减少红色蒙版区域，直到蒙版区域较精确地覆盖需要选择图像（反向也可）为止，再次点按刚才的"快速蒙版"按钮，恢复到选区状态，完成操作。

注释：图片从左到右依次是原图选择和快速蒙版的效果图像。

课堂练习1：变脸

（1）打开光盘练习文件/第6章图层与通道应用/6-1。

（2）点击套索工具，在画面中选择人物的头部，如下图。

（3）打开光盘练习文件/第6章图层与通道应用/6-2。将6-1头部图像移动到6-2图像中，如下图。

（4）点击魔棒工具，按下图设置容差，选择并去除头像两侧的白色部分。

（5）通过自由变换命令，将头像水平翻转，如下图。

（6）选择曲线命令，并按照下图进行设置，调整头像的亮度并与周围人物保持一致。

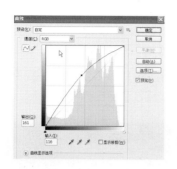 

（7）选择图层2，点击图层蒙版按钮，然后选择渐变工具，设置前景色为黑色背景色为白色，在渐变样式中选择从"前景到透明"项，沿头像左上角和右下角进行渐变，如下图所示。

 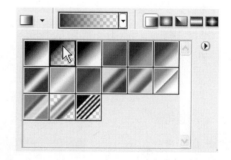

（8）点击"创建新的填充或调整图层"按钮，然后选择"色彩平衡"命令，按照下图进行设置，得到最后的效果图像，如下图所示。

 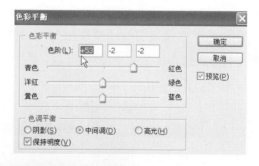

课堂练习2：梦幻境像

（1）打开光盘练习文件/第6章图层与通道应用/06-1和06-2。将06-2的城堡图像移动到06-1图中，并放置在偏下位置，如右下图所示。

（2）选择城堡图层，点击图层蒙版按钮，然后选择渐变工具，设置前景色为黑色背景色为白色，在渐变样式中选择从"前景到透明"项，沿图像从上到下进行渐变，形成城堡、远山和白云相统一的效果，如下图所示。

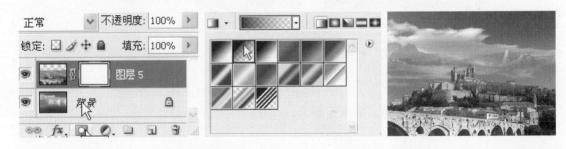

（3）打开光盘练习文件/第6章图层与通道应用/06-3。选择魔棒工具，并设置容差为80，在图中将蓝天选中，如左下图所示。通过"选择/反选"命令，选中城堡，然后将城堡移动到主图中，如右下图所示。

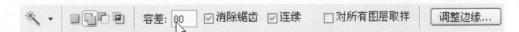

（4）选择城堡图层，点击图层蒙版按钮，然后选择渐变工具，设置前景色为黑色背景色为白色，在渐变样式中选择从"前景到透明"项，沿图像从下到上进行渐变，如下图所示。

（5）打开光盘练习文件/第6章图层与通道应用/06-4。将06-4的闪电图像移动到主图中，并放置在顶部位置,用同样的图层蒙版方法使闪电从下到上做出从虚到实的效果，然后调整该图层的不透明度，设置为70%，最终效果如右下图所示。

（6）打开光盘练习文件/第6章图层与通道应用/06-5。将06-5的城堡图像移动到主图中，并覆盖下面所有图像，然后设置"图层混合模式"为叠加，具体操作见右下图。

 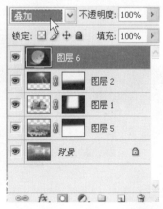

（7）打开光盘练习文件/第6章图层与通道应用/06-5。将06-5的图像移动到主图中，并放置在圆月的位置,用同样的图层蒙版方法使图像做成四周虚中间实的效果，然后调整该图层的不透明度，设置为50%，最终效果如右下图所示。

（8）点击文字工具，设置字体为"文鼎霹雳体"，大小为"200点"，颜色为红色，放置在图像的中间偏下位置。点击"添加图层样式"按钮，按照下列设置分别对文字图层的"投影"、"外发光"、"斜面与浮雕"、"描边"选项进行设置，最终效果如下图所示。

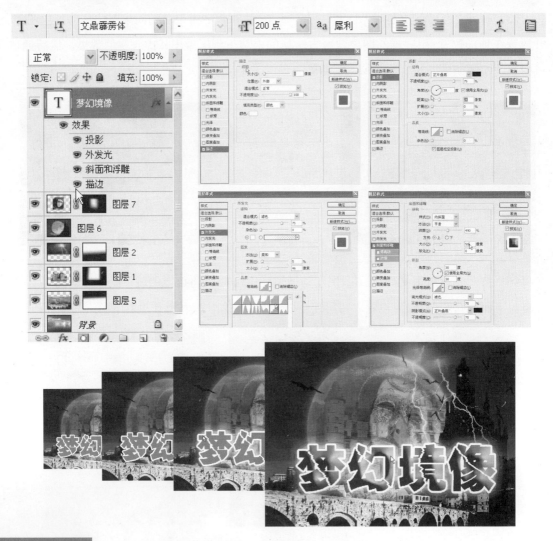

综合练习：奇异水果

（1）新建文件，设置宽度为20厘米，高度为20厘米，分辨率为72像素/英寸，命名为"奇异水果"，如下图所示。

（2）新建一个图层，在画面中选择一个正方形并填充上灰色。用快捷键Ctrl+J，复制该图层，然后用曲线命令将图像颜色加深，最后用自由变换命令将正方形斜切并作为正方体的右侧面。用同样的方法完成正方体的顶面，效果如下图所示。

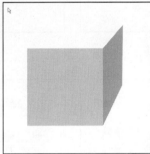
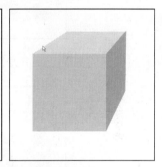

（3）打开练习文件/第6章图层与通道应用/1，将图像放到正方体的左上角，用同样的方法打开图2-9，共同拼合成正方体的正面图像。

最后将按住Ctrl键，选中正面水果所在图层并点击"链接图层"按钮，将这些图像链接起来，如右图所示。

（4）通过自由变换命令，将正面水果图像移动到正方体侧面，按住Ctrl键，将图像与正方体侧面完全重合，如下图所示。

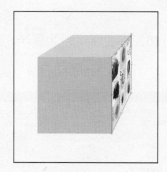

（5）用同样的方法完成正方体顶面的水果图像，效果如下图所示。

（6）用同样的方法完成正方体正面的水果图像，效果如下图所示。

（7）选择"图像"菜单/"复制"命令，复制奇异水果图像。

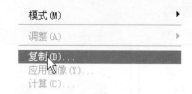

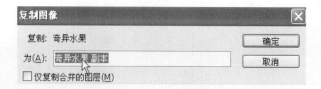

（8）回到主图，按住Ctrl键，分别选择并合并正方体各面的水果图层。然后通过"色相/饱和度"命令，正面、侧面、顶面分别按照如下设置，改变图像的颜色。左图是更改后的颜色，右图是原始图像。

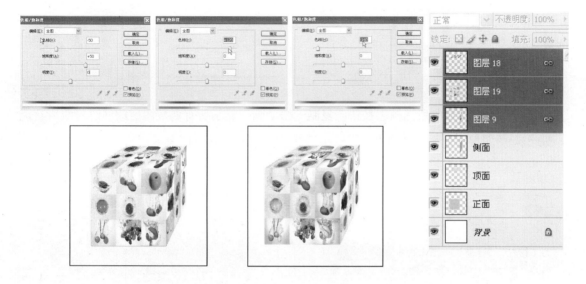

（9）点击"复制图像"，分别选中正面、侧面和顶面的水果图层，然后将这些图层移动到主图中并分别覆盖刚才的水果图层。

（10）点击"窗口"菜单/"动画"命令，打开动画面板。然后在下拉菜单中选择"转换为帧动画"如下图所示。

（11）点击"复制所选帧"按钮，复制一帧动画。然后隐藏所有奇数图层（前面合并的水果图层和背景图层例外)，最后效果如下图所示。

（12）点击"复制所选帧"按钮，复制一帧动画。显示所有奇数图层的同时隐藏所有偶数图层（前面合并的水果图层和背景图层例外），如下图所示。

（13）点击"复制所选帧"按钮，复制一帧动画。显示所有偶数图层的同时隐藏所有能被3整除的图层（前面合并的水果图层和背景图层例外），如下图所示。

（14）将第1帧下面的"一次"更改为"永远"。点击"过渡动画帧"，在弹出对话框中按照下图进行设置，最后点击"播放"按钮，播放整个动画，如下图所示。

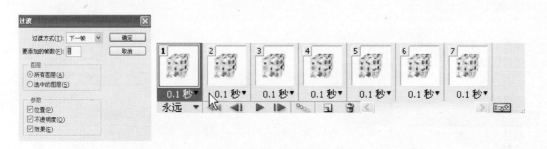

（15）点击"文件"菜单/"存储为Web和设备所用格式"，将该动画存储到桌面文件中，结束本次操作练习。

课后练习

1.单选题

（1）将图层不透明度设置为0，那意味着该图层[   ]。

    A 可见　　　　　　　B 不可见

    C 变成灰色　　　　　D 没有改变

（2）图层混合模式其实就是该图层与[   ]。

    A 它以上的图层产生效果　　　　B 它以下的图层产生效果

    C 它以上的单个图层产生效果　　D 它以下的单个图层产生效果

（3）图层链接后不能够同时进行的是[   ]。

A 改变颜色　　B 改变方向　　C 改变大小　　D 改变位置

（4）"复制图层"命令的快捷键是[   ]。

A Ctrl+J　　B Ctrl+D　　C Ctrl+V　　D Ctrl+Q

（5）下列哪种方法可以去掉某一个图层的颜色而对其他图层的颜色没有影响[   ]。

A 执行"灰度"命令

B 执行"位图"命令

C 将该图层执行"去色"命令

D 将该图层执行"曲线"命令

2.填空题

（1）在Photoshop CS3中的蒙板种类包括包括_____和_____两种。

（2）RGB图像包括_____、_____、_____和_____四个通道。

（3）将图层与选区对齐的种类包括_____、_____、_____、_____、_____和_____等。

（4）新建图层的常用方法有_____、_____和_____等多种。

（5）创建新的填充图层包括_____、_____和_____三种。

3.简答题

（1）分别简述"图像调整"命令和"创建新的填充和调整图层"命令的区别与联系？

（2）试分析各种"图层样式"的基本用法？

第7章

滤镜的特殊效果

本章重点

- 熟练掌握单个滤镜命令的基本使用方法
- 能够综合应用滤镜处理图像效果

本章难点

- 扭曲滤镜的使用方法
- 渲染滤镜的使用方法
- 滤镜效果的综合应用

7.1 滤镜基础

若要使用滤镜，请从"滤镜"菜单中选取相应的子菜单命令，以下原则可以帮助选取滤镜。

① 上一次选取的滤镜出现在菜单顶部。

② 滤镜应用于现用的可视图层。

③ 不能将滤镜应用于位图模式或索引颜色的图像。

④ 有些滤镜只对 RGB 图像起作用。

⑤ 有些滤镜完全在内存中处理。

"高斯模糊"、"添加杂色"、"蒙尘与划痕"、"中间值"、"USM 锐化"、"曝光过度"和"高反差保留"滤镜可用于每通道 16 位的图像，也可用于每通道 8 位的图像。

应用滤镜可能很耗时间，尤其是对于大图像。有些滤镜允许在应用之前预览效果。

注释：可以安装由非 Adobe 软件开发人员开发的增效工具滤镜。增效工具滤镜安装后出现在"滤镜"菜单的底部，运行方式与内置的滤镜相同。

7.2 内置滤镜

抽出

可以快捷地抽选出所需要的图像素材，特别是对人物头发等部分的细节勾选是其他命令所不能比拟的，其快捷键是Alt+Ctrl+X。使用方法：选择抽出命令，点击标记边缘 绘制需要选择图像的边缘，如不满意可以用 擦除，最后用填充工具 填充上颜色，点击"确定"按钮，即可抠选出图片。

注释：图片从左到右依次是原图、抽出处理过程和抽出后的效果图像。

滤镜库

使用滤镜库，可以积累应用滤镜，并可多次利用单个滤镜，还可以重新排列滤镜并更改已应用的每个滤镜的设置，以便实现所需效果。

液化

使用液化滤镜可以对图像任何区域进行各种类似液化效果的变形,如旋转扭曲、收缩、膨胀及映射等，其快捷键是Shiftt+Ctrl+X。

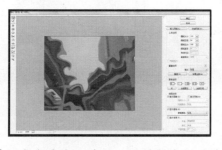

注释：图片从左到右，从上到下依次是液化过程、原图和液化后的效果图像。

图案生成器

根据创建的矩形选区或剪切板里的内容，通过该命令可以创建无数不同效果的图案，其快捷键是Alt+Shiftt+Ctrl+X。

消失点

使用消失点滤镜可以创建在透视角度下编辑图像，允许在包含透视平面的图像中进行透视校正编辑,其快捷键是Alt+Ctrl+V。

风格化

"风格化"滤镜通过置换像素和通过查找并增加图像的对比度，在选区中生成绘画或印象派的效果。

查找边缘：黑色线条勾勒图像的边缘，并突出边缘。

等高线：查找主要亮度区域的转换并为每个颜色通道淡淡地勾勒主要亮度区域的转换，以获得与等高线图中的线条类似的效果。

风：在图像中创建细小的水平线条来模拟风的效果。

浮雕效果：通过将选区的填充色转换为灰色，并用原填充色描画边缘，从而使选区显得凸起或压低。浮雕效果通过将选区的填充色转换为灰色，并用原填充色描画边缘，从而使选区显得凸起或压低。

扩散：根据选中的选项搅乱选区中的像素，使选区显得不十分聚焦。

拼贴：将图像分解为一系列拼贴，使选区偏移原来的位置。

曝光过度：混合负片和正片图像，类似于显影过程中将摄影照片短暂曝光。

凸出：赋予选区或图层一种3D纹理效果。

照亮边缘：标识颜色的边缘，并向其添加类似霓虹灯的光亮。

注释：图片从左到右，从上到下依次是原图、查找边缘、等高线、风、浮雕效果、扩散、拼贴、曝光过度、凸出、照亮边缘的效果图像。

画笔描边

"画笔描边"滤镜使用不同的画笔和油墨描边效果创造出绘画效果的外观。有些滤镜向图像添加颗粒、绘画、杂色、边缘细节或纹理，以获得点状化效果。

成角的线条：使用成角的线条重新绘制图像。

墨水轮廓：以钢笔画的风格，用纤细的线条在原细节上重绘图像。

喷溅：模拟喷溅喷枪的效果，增加选项可简化总体效果。

喷色描边：使用图像的主导色，用成角的、喷溅的颜色线条重新绘画图像。

强化的边缘：强化图像边缘，强化效果类似黑色油墨。

深色线条：用短的、绷紧的线条绘制图像中接近黑色的暗区；用长的白色线条绘制图像中的亮区。

烟灰墨：以日本画的风格绘画图像，看起来像是用蘸满黑色油墨的湿画笔在宣纸上绘画。这种效果是具有非常黑的柔化模糊边缘。

阴影线：保留原图像的细节和特征，同时使用模拟的铅笔阴影线添加纹理，并使图像中彩色区域的边缘变粗糙。

注释：图片从左到右，从上到下依次是成角线条、墨水轮廓、喷溅、喷色描边、强化的边缘、深色线条、烟灰墨、阴影线的效果图像。

模糊

"模糊"滤镜柔化选区或图像，对修饰很有用。它们通过平衡图像中已定义的线条和遮蔽区域的清晰边缘旁边的像素，使变化显得柔和。

表面模糊：在保留边缘的同时模糊图像，跟特殊模糊的效果比较相似。

动感模糊：该滤镜的效果类似于以固定的曝光时间给移动物体拍照。

方框模糊：基于相邻像素的平均颜色来模糊图像，创建特殊效果。

高斯模糊：使用可调整的量快速模糊选区，并产生一种朦胧效果。

注释："高斯"是指当 Adobe Photoshop 将加权平均应用于像素时生成的钟形曲线。

"模糊"与"进一步模糊"：在图像中有显著颜色变化的地方消除杂色。"模糊"滤镜通过平衡已定义的线条和遮蔽区域的清晰边缘旁边的像素，使变化显得柔和。"进一步模糊"滤镜生成的效果比"模糊"滤镜强三到四倍。

镜头模糊：通过向图像中添加模糊以产生明显的景深效果。

径向模糊：模拟移动或旋转的相机所产生的模糊，产生一种柔化的模糊。

平均：用于找出图像的平均颜色，并用此颜色填充图像或选区以创建平滑的外观。

特殊模糊：精确地模糊图像。

形状模糊：使用指定的内核来创建模糊。

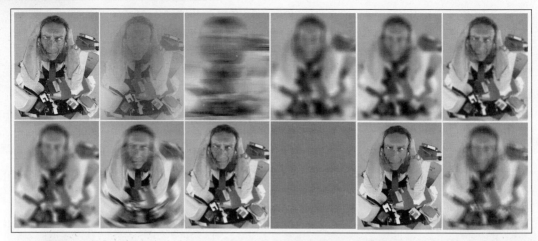

注释： 图片从左到右，从上到下依次是原图、表面模糊、动感模糊、方框模糊、高斯模糊、进一步模糊、镜头模糊、径向模糊、模糊、平均、特殊模糊、形状模糊的效果图像。

扭曲

"扭曲"滤镜将图像进行几何扭曲，创建3D或其他整形效果。

波浪： 工作方式类似"波纹"滤镜，但可进行进一步的控制。

玻璃： 使图像看起来像是透过不同类型的玻璃来观看的效果。

波纹： 在选区上创建波状起伏的图案，像水池表面的波纹。

海洋波纹： 将随机分隔的波纹添加到图像表面，图像看去像是在水中。

极坐标： 将选区从平面转换到极坐标，或将选区从极坐标转换到平面。

挤压： 挤压选区，正值（最大值是100%）将选区向中心移动，负值（最小值是－100%）将选区向外移动。

镜头校正： 用于修复常见的镜头缺陷，如桶形和枕形失真、晕影和色差等。

扩散亮光： 在画面中出现光闪效果。

切变： 沿一条曲线扭曲图像。通过拖移框中的线条来指定曲线，形成一条扭曲曲线。

球面化： 通过将选区折成球形、扭曲图像以及伸展图像，使对象具有3D效果。

水波： 根据选区中像素的半径将选区径向扭曲。

旋转扭曲： 旋转选区，中心的旋转程度比边缘的旋转程度大。

置换： 将PSD格式的图像置换另一幅图像，并以变形效果显示出来。

注释： 图片从左到右，从上到下依次是原图、波浪、玻璃、波纹、海洋波纹、极坐标、挤压、镜头校正、扩散亮光、切变、球面化、水波、旋转扭曲、置换的效果图像。

锐化

"锐化"滤镜通过增加相邻像素的对比度来聚焦模糊的图像。

"锐化"与"进一步锐化"：聚焦选区，提高其清晰度。"进一步锐化"滤镜比"锐化"滤镜应用更强的锐化效果。

"锐化边缘"与"USM 锐化"：查找图像中颜色发生显著变化的区域，然后将其锐化。"锐化边缘"滤镜只锐化图像的边缘，同时保留总体的平滑度。使用此滤镜在不指定数量的情况下锐化边缘。对于专业色彩校正，可使用"USM锐化"滤镜调整边缘细节的对比度，并在边缘的每侧生成一条亮线和一条暗线。此过程将使边缘突出，造成图像更加锐化的错觉。

智能锐化：可以自动锐化图像。

视频

NTSC 颜色：色域限制在电视机可接受的范围内，以防止过饱和颜色渗到电视扫描行中。

逐行：通过移去视频图像中的奇数或偶数隔行线，使在视频上捕捉的运动图像变得平滑。您可以选择通过复制或插值来替换扔掉的线条。

素描

"素描"子菜单中的滤镜将纹理添加到图像上，通常用于获得 3D 效果。这些滤镜还适用于创建美术或手绘外观。许多"素描"滤镜在重绘图像时使用前景色和背景色。

半调图案：在保持连续的色调范围的同时，模拟半调网屏的效果。

便条纸：创建像是用手工制作的纸张构建的图像。

铬黄：将图像处理成好像是擦亮的铬黄表面。

绘图笔：使用细的、线状的油墨描边，多用于对扫描图像进行描边。

基底凸现：变换图像，使之呈浅浮雕的雕刻状和突出光照下变化各异的表面。

水彩画纸：利用有污点的、像画在潮湿的纤维纸上的涂抹，使颜色流动并混合。

撕边：重建图像使之呈粗糙、撕破的纸片状，然后使用前景色与背景色给图像着色。

塑料效果：按3D塑料效果塑造图像。

炭笔：重绘图像，产生色调分离的、涂抹的效果。主要边缘以粗线条绘制，而中间色调用对角描边进行素描。炭笔是前景色，纸张是背景色。

炭精笔：在图像上模拟浓黑和纯白的炭精笔纹理。

图章：此滤镜简化图像，使之呈现用橡皮或木制图章盖印的样子。

网状：模拟胶片乳胶的可控收缩和扭曲来创建图像。

影印：模拟影印图像的效果。

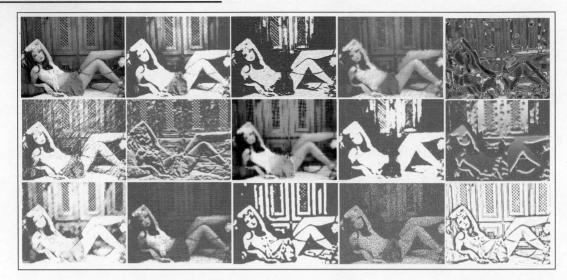

注释：图片从左到右，从上到下依次是原图、半调图案、便条纸、铬黄、绘图笔、基底凸现、水彩画纸、撕边、塑料效果、炭笔、炭精笔、图章、网状、影印的效果图像。

纹理

使用"纹理"滤镜可使图像表面具有深度感或物质感，或添加一种器质外观。

龟裂缝：将图像绘制在一个高凸现的石膏表面上，以循着图像等高线生成精细的网状裂缝。使用此滤镜可以对包含多种颜色值或灰度值的图像创建浮雕效果。

颗粒：通过模拟不同种类的颗粒，对图像添加纹理。

马赛克拼贴：使图像看起来像是由小的碎片或拼贴组成，然后在拼贴之间灌浆。

拼缀图：将图像分解为用图像中该区域的主色填充的正方形。

染色玻璃：将图像重新绘制为用前景色勾勒的单色的相邻单元格。

纹理化：将选择或创建的纹理应用于图像。

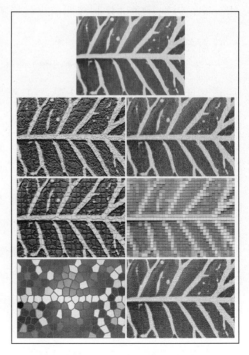

注释：图片从左到右，从上到下依次是原图、龟裂缝、颗粒、马赛克拼贴、拼缀图、染色玻璃、纹理化的效果图像。

像素化

"像素化"子菜单中的滤镜通过使单元格中颜色值相近的像素结成块来清晰地定义一个

选区。

彩块化：使纯色或相近颜色的像素结成相近颜色的像素块。可以使用此滤镜使扫描的图像看起来像手绘图像，或使现实主义图像类似抽象派绘画。

彩色半调：模拟在图像的每个通道上使用放大的半调网屏的效果。

点状化：将图像中的颜色分解为随机分布的网点，如同点状化绘画一样，并使用背景色作为网点之间的画布区域。

晶格化：使像素结块形成多边形纯色。

马赛克：使像素结为方形块。给定块中的像素颜色相同，块颜色代表选区中的颜色。

碎片：创建选区中像素的四个副本，将它们平均，并使其相互偏移。

铜版雕刻：将图像转换为黑白区域的随机图案或彩色图像中完全饱和颜色的随机图案。

注释：图片从左到右，从上到下依次是原图、彩块化、彩色半调、点状化、晶格化、马赛克、碎片、铜版雕刻的效果图像。

渲染

"渲染"滤镜在图像中创建云彩图案、折射图案和模拟的光反射，并从灰度文件创建纹理填充以产生类似3D的光照效果。

分层云彩：使用随机生成的介于前景色与背景色之间的值，生成云彩图案。

光照效果：可以通过改变17种光照样式、3种光照类型和4套光照属性，在 RGB 图像上产生无数种光照效果。还可以使用灰度文件的纹理（称为凹凸图）产生类似3D的效果，并存储自己的样式以在其他图像中使用。

镜头光晕：模拟亮光照射到相机镜头所产生的折射。

纤维：使用前景色和背景色创建纤维的外观。

云彩：使用介于前景色与背景色之间的随机值，生成柔和的云彩图案。

注释：图片从左到右，从上到下依次是原图、分层云彩、光照效果、镜头光晕、纤维、云彩的效果图像。

艺术效果

艺术效果滤镜是为美术或商业项目制作，模拟绘画效果或特殊效果而生成的一组滤镜，可以模拟常规的大多数绘画效果，在滤镜中经常被使用。

壁画：使用短而圆的、粗略轻涂的小块颜料，以一种粗糙的风格绘制图像。

彩色铅笔：使用彩色铅笔在纯色背景上绘制图像。

粗糙蜡笔：使图像看上去好像是用彩色粉笔在带纹理的背景上描过边。

底纹效果：在带纹理的背景上绘制图像，然后将最终图像绘制在该图像上。

干画笔：使用干画笔技术（介于油彩和水彩之间）绘制图像边缘。

海报边缘：根据设置的海报化选项减少图像中的颜色数量（色调分离），并查找图像的边缘，在边缘上绘制黑色线条。

海绵：使用颜色对比强烈、纹理较重的区域创建图像，好像是用海绵工具绘制一样。

绘画涂抹：可以选取各种大小（类型从1到5）的画笔来创建绘画效果。

胶片颗粒：将平滑图案应用于图像的阴影色调和中间色调。

木刻：将图像描绘成好像是由从彩纸上剪下的边缘粗糙的剪纸片组成的。

霓虹灯光：将各种类型的光添加到图像对象上，在柔化图像外观时给图像着色很有用。

水彩：以水彩的风格绘制图像，简化图像细节，使用蘸了水和颜色的中号画笔绘制。

塑料包装：给图像涂上一层光亮的塑料，以强调表面细节。

调色刀：减少图像中的细节以生成描绘得很淡的画布效果。

涂抹棒：使用短的对角线描边涂抹图像的暗区以柔化图像。

注释：图片从左到右，从上到下依次是原图、壁画、彩色铅笔、粗糙蜡笔、底纹效果、干画笔、海报边缘、海绵、绘画涂抹、胶片颗粒、木刻、霓虹灯光、水彩、塑料包装、调色刀、涂抹棒的效果图像。

杂色

"杂色"滤镜添加或移去杂色或带有随机分布色阶的像素。这有助于将选区混合到周围的像素中。"杂色"滤镜可创建与众不同的纹理或移去图像中有问题的区域。

减少杂色：将杂色像素从图像中去除。

蒙尘与划痕：通过更改相异的像素减少杂色。为了在锐化图像和隐藏瑕疵之间取得平衡，请尝试半径与阈值设置的各种组合。

去斑：检测图像的边缘（发生显著颜色变化的区域）并模糊除那些边缘外的所有选区。该模糊环移去杂色，同时保留细节。

添加杂色：将随机像素应用于图像，模拟在高速胶片上拍照的效果。

中间值：通过混合选区中像素的亮度来减少图像的杂色。此滤镜搜索像素选区的半径范围以查找亮度相近的像素，扔掉与相邻像素差异太大的像素，并用搜索到的像素的中间亮度值替换中心像素。此滤镜在消除或减少图像的动感效果时非常有用。

注释：图片从左到右依次是减少杂色、蒙尘与划痕、去斑、添加杂色、中间值的效果图像。

其他

"其他"子菜单中的滤镜允许创建自己的滤镜、使用滤镜修改蒙版、在图像中使选区发生位移和快速调整颜色。

高反差保留：在有强烈颜色转变发生的地方按指定的半径保留边缘细节，并且不显示图像的其余部分。

位移：将选区移动指定的水平量或垂直量，而选区的原位置变成空白区域。

自定：可以设计自己的滤镜效果。

"最小值"与"最大值"：在指定半径内，"最大值"和"最小值"滤镜用周围像素的最大或最小亮度值替换当前像素的亮度值。

Digimarc

"Digimarc"滤镜将数字水印嵌入到图像中以储存版权信息。

7.3 外挂滤镜

Photoshop CS3除了自身所拥有的众多滤镜外，还允许安装外挂滤镜。

安装方法：对于简单的未带安装程序的滤镜，用户只需将相应的滤镜文件（扩展名为.8BF）复制到Program Files/Adobe/Photoshop CS/PLUG-Ins文件夹中即可。对于复杂的带安装程序的滤镜，在安装滤镜时必须将其安装路径设置为Program Files/Adobe/Photoshop CS/PLUG-Ins。

安装外挂滤镜后，启动Photoshop CS3文件，这些滤镜就出现在滤镜的菜单中，用户可以像使用内置滤镜一样使用它们。

课堂练习1：朦胧

（1）打开光盘练习文件/第7章滤镜的特殊效果/2。点击复制图层快捷键，复制人物图层，如下图。

（2）选择"滤镜"/"像素化"/"点状化"命令，并按下图进行设置，将复制图层效果点状化，如下图。

（3）通过"图像"/"调整"/"阈值"命令，将所在图层转化成黑白图像。

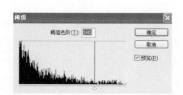

（4）选择"滤镜"/"模糊"/"动感模糊"命令，并按下图进行设置，将该图层动感模糊，最后效果如下图所示。

课堂练习2：纹理

（1）打开光盘练习文件/第7章滤镜的特殊效果/2，新建一个图层命名为"图层1"。

 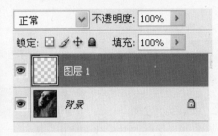

（2）将该图层填充为黑色，并将混合模式设为"柔光"，如下图。

（3）通过"图像"/"杂色"/"添加杂色"命令，为所在图层添加杂色。

（4）选择"滤镜"/"像素化"/"点状化"命令，并按下图进行设置，将该图层点状处理。
选择"滤镜"/"模糊"/"高斯模糊"命令，将图层高斯模糊，最后效果如下图所示。

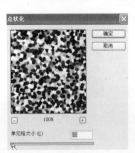 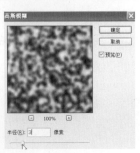

（5）选择"滤镜"/"纹理"/"染色玻璃"命令，并按下图进行设置，将该图层变成彩
色玻璃样式，最后效果如下图所示。

（6）点击背景图层，选择"滤镜"/"渲染"/"光照效果"命令，并按下图进行设置，
将背景图层局部变亮。最后效果如下图所示。

课堂练习3：相框

（1）打开光盘练习文件/第7章滤镜的特殊效果/1。通过"多边形套索工具"沿图像外围描锯齿选区，并点击快捷键Ctrl+Shift+I将选区反选，如下图所示。

（2）新建一个图层，将该图层填充为黄色，如右图。

（3）通过"滤镜"/"素描"/"半调图案"命令，为所在图层添加半调网纹，如左下图所示。

（4）通过"滤镜"/"艺术效果"/"干画笔"命令，为所在图层添加特殊效果，如右下图所示。

（5）点击"添加图层样式"按钮，设置"斜面与浮雕"项。让图层有立体效果，可参照下图进行设置。

（6）点击"添加图层样式"按钮，设置"投影"项。让图层有投影效果，可参照右图进行设置。

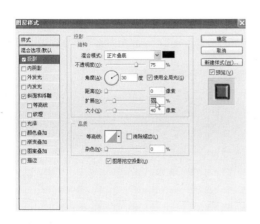 

（7）点击"背景"图层，通过"滤镜"/"素描"/"水彩画纸"命令，为所在图层添加水彩画纸效果，如下图所示。

课堂练习4：旋转字

（1）按照下面设置新建一个文件，命名为"旋转字"。

（2）打开光盘练习文件/第7章滤镜的特殊效果/3。将该图片拖入新建文件中，并拉大充满画布。

（3）选择"滤镜"/"模糊"/"方框模糊"命令，将图层模糊，最后效果如下图所示。

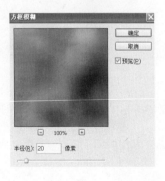

（4）选择"滤镜"/"扭曲"/"旋转扭曲"命令，将图层扭曲，最后效果如下图所示。

（5）选择"滤镜"/"艺术效果"/"水彩"命令，将图层变成水彩效果，如下图所示。

（6）选择"文字"工具，输入"TIME"，并将文字放置在居中位置。然后将该文字"删格化"，使文字图层变成普通图层，如下图所示。

（7）用矩形选框工具选择"T"字下部，通过"滤镜"/"扭曲"/"旋转扭曲"命令，将图层旋转扭曲，如下图所示。

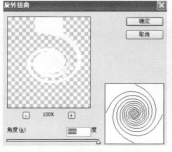

（8）同样的方法，用矩形选框工具选择文字部位，通过"滤镜"/"扭曲"/"旋转扭曲"命令，将图层旋转扭曲，最后效果如左图所示。

综合练习：闪电

（1）新建文件，设置宽度为30厘米，高度为15厘米，分辨率为100"像素/英寸"，命名为"闪电"，如下图所示。

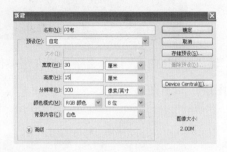

（2）将前景色设为黑色，背景色设为白色，通过渐变工具沿右下方向左上方渐变，效果如下图所示。

（3）通过"滤镜"/"渲染"/"分层云彩"命令，为所在图层添加云彩效果，如左下图所示。通过"图像"/"调整"/"反相"命令，使云彩反相，如右下图所示。

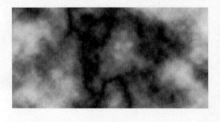 

（4）通过"图像"/"调整"/"色阶"命令，加强云彩的对比度和层次感，如下图所示。

 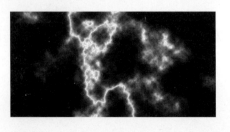

（5）打开光盘练习文件/第7章滤镜的特殊效果/树。将该图片拖入闪电文件中，放置在
画面中心，如下图所示。

（6）通过"滤镜"/"扭曲"/"切变"命令，使树向右倾斜，如下图所示。

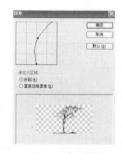 

（7）通过"滤镜"/"风格化"/"风"命令，使树向右倾斜同时有风吹的效果，如下图
所示。

 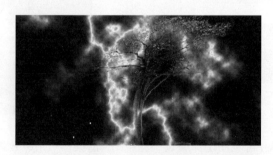

（8）通过"滤镜"/"模糊"/"表面模糊"命令，使树模糊不清，如下图所示。

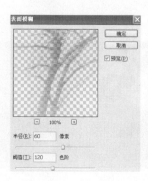 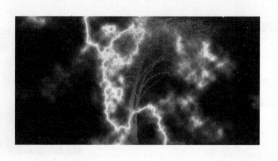

（9）打开光盘练习文件/第7章滤镜的特殊效果/4。选中主要人物并将该图片拖入闪电文件中，放置在画面中心，如下图所示。

（10）通过"色彩/饱和度"命令将牛仔饱和度降低；通过"曲线"命令将牛仔变暗，具体设置如下图所示。

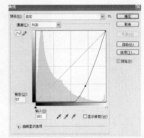

（11）通过"滤镜"/"渲染"/"光照效果"命令，将人物头部变亮，如图所示。

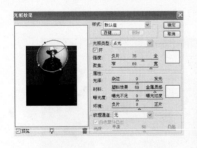

（12）合并可见图层，通过"滤镜"/"渲染"/"光照效果"命令，设置样式为"平行光"，光照类型为"平行光"，并按照下图进行设置，使闪电背景出现幽蓝的色彩，最后效果如下图所示。

课后练习

1. 单选题

（1）滤镜"抽出"命令主要用于[　　]。

　　A　勾选图像　　　B　复制图像

　　C　调整图像　　　D　剪切图像

（2）下列子命令不属于滤镜"锐化"命令的是[　　]。

　　A　锐化　　B　进一步锐化　　C　特殊锐化　　D　锐化边缘

（3）"高反差保留"命令属于哪组滤镜？[　　]。

　　A　模糊　　B　锐化　　C　其他　　D　杂色

（4）"重复上次滤镜操作"命令的快捷键是[　　]。

　　A　Ctrl+P　　B　Ctrl+F　　C　Ctrl+M　　D　Ctrl+Q

（5）下列关于滤镜的说法正确的一项是[　　]。

　　A　碳笔滤镜出现的线条颜色是前景色

　　B　滤镜库中包含了 Photoshop 所有的滤镜

　　C　图像可以模糊后再锐化成原来的图片

　　D　CMYK 模式能够运用所有的滤镜

2. 填空题

（1）"视频"滤镜包括包括_____和_____两个子滤镜。

（2）"液化"滤镜的快捷键是_____。

（3）滤镜"渲染"命令包括_____、_____、_____、_____和_____五种方式。

（4）在滤镜菜单中"纹理"命令包括_____、_____、_____、_____、_____和_____六种方式。

3. 简答题

（1）分别简述"艺术效果"命令和"素描"命令的区别与联系？

（2）试分析"光照效果"滤镜的基本用法？

第8章

快速化操作

本章重点

- ■ 辅助工具的应用
- ■ 动作命令的使用方法
- ■ 快捷键的使用

本章难点

- ■ 动作命令的使用
- ■ 快捷键的记忆与熟练使用

8.1　辅助工具的应用

辅助工具能够便捷地服务软件的操作，提供良好的操控环境，能够根据需要随时掌握图像信息。

8.1.1　网格/参考线/标尺

在 Photoshop 中，网格在默认情况下显示为网点。网格对于对称地布置图素很有用。可以通过视图/显示/网格，显示或隐藏网格，快捷键为"Ctrl+"。

参考线是浮在整个图像上但不打印的线。可以移动或删除参考线，或者也可以锁定参考线，以免不小心移动它。可以在标尺显示模式下，从标尺线上拖拉出来。

在显示标尺的情况下，标尺会显示在现用窗口的顶部和左侧。标尺内的标记可显示出指针移动时的位置。更改标尺原点（左上角标尺上的 "0，0" 标志）使操作者可以从图像上的特定点开始度量。标尺原点还决定了网格的原点，快捷键为Ctrl+R。

8.1.2　附注工具/语音注释工具

在 Photoshop 图像画布上的任何位置都添加文字注释和语音注释。当创建文字注释时，将出现一个大小可调的窗口供您输入文本。如果要录制语音注释，计算机的音频输入端口中必须插有麦克风。

可以从存储为 PDF 格式的 Photoshop 文档或存储为 PDF 或表单数据格式 (FDF) 的 Acrobat 文档导入这两种注释。

如果要将注释关闭为一个图标，请点按关闭框。

附注工具 📑 使用方法：选择附注工具，设置选项，点按要放置注释图标的位置。

语音注释工具 🔊 使用方法：点按"开始"，然后对着麦克风讲话。完成之后，点按"停止"按钮。

8.1.3　吸管/颜色取样器工具/标尺工具

吸管工具 ✐ 采集色样以指定新的前景色或背景色。可以从现用图像或屏幕上的任何位置采集色样，还可以指定吸管工具的取样区域。例如，可以设置吸管采集指针下3×3的像素区域内的色样值。修改吸管的取样大小将影响"信息"调板中显示的颜色信息。

颜色取样器工具 ✐ 能够显示所选择点的具体信息，如颜色、方位等。

标尺工具 ✐ 可测量工作区域内任意两点之间的距离。当在测量两点间的距离时，此工具会绘制一条线（这条线不会打印出来），并且显示起始位置（X 和 Y）、在X轴和 Y轴上移动的水平 (W) 和垂直 (H) 距离等。

8.2　动作命令

有些时候需要对多个图像进行相同的处理，Photoshop通过动作命令来实现这一功能。例如，可以创建这样一个动作：它先应用"图像大小"命令将图像更改为特定的像素大小，然后应用"USM锐化"滤镜再次锐化细节，最后应用"存储"命令将文件存储为所需的格式。这个动作命令一旦储存，下次只要启动该动作命令，软件将会自动按照设定的步骤进行操作。该命令对于处理执行相同步骤的大批量的文件特别有效和快速。

注释：在Photoshop 软件中附带了许多预定义的动作，可以按原样使用这些预定义的动作，也可以根据自己的需要来自定它们。

8.2.1 动作调板的基本功能

动作调板用于控制动作命令的记录与操作。动作调板包括"停止播放/记录"、"开始记录"、"播放选定的动作"、"创建新组"、"创建新动作"、"删除"等按钮命令，还包括"切换项目"、"切换对话"和"默认动作"等内容。

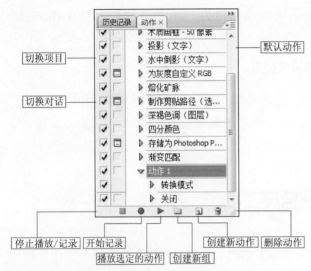

停止播放/记录：停止并完成动作的记录。

开始记录：开始记录动作。

播放选定的动作：将默认动作或已存储的动作进行回放和批处理。

创建新组：创建新的动作新组。

创建新动作：创建新的动作命令。

删除动作：删除选中的动作命令。

切换项目：选中则该动作步骤可以执行，否则不能执行。

切换对话：进行动作数据设定。

默认动作：软件自带动作命令。

8.2.2 动作的录制和编辑

动作命令可以记录用选框、移动、多边形、套索、魔棒、裁切、切片、魔术橡皮擦、渐变、油漆桶、文字、形状、注释、吸管和颜色取样器工具执行的操作，也可以记录在"历史记录"、"色板"、"颜色"、"路径"、"通道"、"图层"、"样式"和"动作"调板中执行的操作，其录制和编辑的步骤是以下四步。

第一步：点按"创建动作"按钮 🔲，新建一个动作命令。"动作"调板中的"开始记录"按钮变成红色 🔘。弹出"新建动作"对话框，进行输入名称（默认按动作创建顺序如"动作1"）。

第二步：记录动作，当动作调板中的"开始记录"按钮变成红色时，在文件中完成图片的处理操作，动作命令会自动记录刚才操作过程。点击"停止播放"按钮 ▣，完成动作录制。

第三步：记录编辑，设置"切换项目"、"切换对话"命令。选择"切换项目"中的 ☑，代表该动作命令将被执行，如取消则表明该方框对应的命令暂时关闭，不可执行。选择"切换对话"命令中的▣，代表动作运行到这一步时会出现对话框，可以进行相应的数据设定，如不需要变更数据，可单击▣，使之消失。

第四步：播放记录，点击"播放选定的动作"按钮▶，可以执行动作批处理。播放记录既可以播放默认的系统内置动作，也可以播放新建动作命令。

注释：若要停止记录，请点按"停止"按钮，或从"动作"调板菜单中选取"停止记录"，或按 Esc 键。若要在同一动作中继续开始记录，请从"动作"调板菜单中选取"开始记录"。

8.2.3　系统内置动作

用户可以利用系统内置的典型动作来帮助完成需要的效果。要使用内置效果，首先要在动作命令中选择需要的动作，然后点击"播放选定的动作"按钮▶，就可以一步完成内置的动作效果。

装饰图案（选区）：在有选区的情况下，将选区周围羽化，并把外围图像隐藏。

画框通道：将图像缩小，并出现画框的选区图像。

木质画框：图像外围增加木质化框。

投影（文字）：为文字创建投影效果。

水中倒影（文字）：为文字创建水中倒影效果。

为灰度自定义RGB：将RGB图像变成灰度图像效果。

溶化矿脉：将图像变成金属熔融状态的效果。

制作剪贴路径（选区）：将选区变成剪贴路径。

深褐色调（图层）：把图像变成深褐色效果。

四分颜色：将图像分成四份，每份的颜色各不相同。

存储为Photoshop PDF：将文件存储为Photoshop PDF格式。

渐变匹配：用渐变映射命令来处理图像。

注释：

① 除上述内置动作外，还可以自己增加相应的动作命令，在运作过程中能够更快捷的操作。

② 为便于区分，如果要把部分用途相近的动作命令存储在一个文件下，可以通过"创建新组"命令来执行。

8.3 Photoshop CS3 快捷键

快捷键操作避免了鼠标在界面上寻找点击的时间，能够极大地提高软件操作速度，从某种角度说，能否熟练使用快捷键也是衡量PhotoShop学习水平的重要标准，这里列出了Photoshop中绝大多数常用快捷键，希望能给快捷操作带来方便。

取消当前命令：Esc

工具选项板：Enter

选项板调整：Shift + Tab

退出系统：Ctrl + Q

获取帮助：F1

剪切选择区：F2 / Ctrl + X

拷贝选择区：F3 / Ctrl + C

粘贴选择区：F4 / Ctrl + V

显示或关闭画笔选项板：F5

显示或关闭颜色选项板：F6

显示或关闭图层选项板：F7

显示或关闭信息选项板：F8

显示或关闭动作选项板：F9

显示或关闭选项板、状态栏和工具箱：Tab

全选：Ctrl + A

反选：Shift + Ctrl + I

取消选择区：Ctrl + D

选择区域移动：方向键

将图层转换为选区：Ctrl + 单击工作图层

选区以10个像素单位移动：Shift + 方向键

复制选择区域：Alt + 方向键

打开文件：Ctrl + O

关闭文件：Ctrl + W

文件存盘：Ctrl + S

打印文件：Ctrl + P

恢复到上一步：Ctrl + Z

显示或隐藏标尺：Ctrl + R

显示或隐藏虚线：Ctrl + H

显示或隐藏网格：Ctrl + "

填充为前景色：Alt + Delete

填充为背景色：Ctrl + Delete

调整色阶工具：Ctrl + L

调整色彩平衡：Ctrl + B

调节色调 / 饱和度：Ctrl + U

自由变形：Ctrl + T

增大减小笔头大小："中括号"

选择最大笔头：Shift + "中括号"

选择最小笔头：Shift + "中括号"

重复使用滤镜：Ctrl + F

移至上一图层：Ctrl + "中括号"

排至下一图层：Ctrl + "中括号"

移至最前图层：Shift + Ctrl + "中括号"

移至最底图层：Shift + Ctrl + "中括号"

激活上一图层：Alt + "中括号"

激活下一图层：Alt + "中括号"

合并可见图层：Shift + Ctrl + E

放大视窗：Ctrl + "+"

缩小视窗：Ctrl + "－"

放大局部：Ctrl + 空格键 + 鼠标单击

缩小局部：Alt + 空格键 + 鼠标单击

翻屏查看：PageUp/PageDown

课后练习

1. 单选题

（1）下列关于参考线的用法正确的是 [   ]。

    A 绘制直线　　　　　B 参考图片的位置和尺寸

    C 绘制图形　　　　　D 参考线颜色无法改变

（2）下列各项中动作命令不能办到的 [   ]。

    A 记录操作过程　　　　　B 按照记录完成图像批处理

    C 自动设计新的操作步骤　D 可以在执行过程中暂停某步操作

（3）下列各项中对动作命令描述正确的是 [   ]。

    A 只有内置动作　　　B 可以自定义动作

    C 动作不能修改　　　D 动作不能重复使用

（4）"显示或隐藏标尺"命令的快捷键是 [   ]。

    A Ctrl+B　　B Ctrl+L　　C Ctrl+R　　D Ctrl+O

（5）"退出系统"命令的快捷键是 [   ]。

    A Ctrl+P　　B Ctrl+D　　C Ctrl+Q　　D Ctrl+Y

2. 填空题

（1）在Photoshop CS3中吸管工具包括_____、_____、_____和_____四种。

（2）常见的屏幕模式包括_____、_____、_____和_____等。

（3）参考线可以_____、_____和_____等。

（4）在Photoshop中常见的标尺尺寸单位包括_____、_____、_____、

_____、_____、_____和_____等多种。

3. 简答题

（1）分别简述"附注工具"命令和"语音注释工具"命令的区别与联系？

（2）试分析"动作命令"的基本用法？

Photoshop
图形图像处理

课后练习参考答案

第1章

1. 单选题

（1）B （2）B （3）B （4）B （5）A

（6）D

2. 填空题

（1）标题栏、菜单栏、图像窗口、控制面板、状态栏、工具箱、工具属性栏

（2）矩形选框工具、椭圆选框工具、单行选框工具、单列选框工具

（3）颜色模式、分辨率、尺寸

（4）青色、洋红、黄色、黑色

3. 简答题（略）

第2章

1. 单选题

（1）D （2）C （3）C （4）B （5）C

2. 填空题

（1）橡皮擦工具、背景橡皮擦工具、魔术橡皮擦工具

（2）历史记录画笔、历史记录艺术画笔

（3）线性渐变、径向渐变、角度渐变、对称渐变、菱形渐变

（4）污点修复画笔工具、修复画笔工具、修补工具、红眼工具

3. 简答题（略）

第3章

1. 单选题

（1）D （2）B （3）A （4）A （5）C

2. 填空题

（1）Shift

（2）半径、对比度、平滑、羽化、收缩/扩展

（3）宽度、颜色、位置、模式、不透明度、保留透明设置

3. 简答题（略）

第4章

1. 单选题

（1）A （2）B （3）D （4）A （5）C

2. 填空题

（1）P

（2）矩形工具、圆角矩形工具、椭圆工具、多边形工具、直线工具、自定义形状工具

（3）仿粗体、仿斜体、全部大写字母、小型大写字母、上标、下标、下划线、删除线

3．简答题（略）

第5章

1．单选题

（1）B （2）C （3）A （4）B （5）C

2．填空题

（1）仿色、反向

（2）1、8、16、32

（3）180°、90°（顺时针）、90°（逆时针）、任意角度、水平翻转画布、垂直翻转画布

（4）青色、红色、洋红、绿色、黄色、蓝色

3．简答题（略）

第6章

1．单选题

（1）B （2）B （3）A （4）A （5）C

2．填空题

（1）快速蒙版、图层蒙版

（2）RGB、红、绿、蓝

（3）顶边、垂直居中、底边、左边、水平居中、右边

（4）图层菜单新建图层、图层面板新建图层、快捷键新建图层

（5）纯色、渐变、图案

3．简答题（略）

第7章

1．单选题

（1）A （2）C （3）C （4）B （5）A

2．填空题

（1）NTSC颜色、逐行

（2）Shift+Ctrl+X

（3）分层云彩、光照效果、镜头光晕、纤维、云彩

（4）龟裂缝、颗粒、马赛克拼贴、拼缀色、染色玻璃、纹理化

3．简答题（略）

第8章

1．单选题

（1）B （2）C （3）B （4）C （5）C

2．填空题

（1）吸管工具、颜色取样器工具、标尺工具、计数工具

（2）标准屏幕模式、最大化屏幕模式、带有菜单栏的全屏模式、全屏模式

（3）新建、清除、锁定

（4）像素、英寸、厘米、毫米、点、派卡、百分比

3．简答题（略）

Photoshop
图形图像处理

后 记

　　在经历一年多的构思与撰写之后，本书终于与读者见面了。为提高本教材的编写水平，在吸取其他版本精华的基础上结合自己在实际工作中的经验和体会及朋友、同事的参考意见，本着通俗易懂，简洁明了的宗旨，深入浅出地介绍了 Photoshop CS3 的各种操作技巧和应用方法。在讲解基本知识的同时，结合课堂练习、综合练习和课后练习三个环节，环环相扣，将市场一线项目引入教材，突出图形图像处理的综合实战能力，是每位优秀设计人员的必备手册！

　　参与本书编写的人员和分工具体如下：第 1 ～ 6 章由吴杰执笔，第 7 章由马骏执笔，第 8 章由林波执笔，吴杰负责全书的统稿工作。

　　本教程在撰写过程中得到了朋友、同事的大力支持，特别是纪建功先生在百忙之中抽时间收集、整理图片，在此一并感谢。

编者

2008 年 11 月

参考文献

［1］DDC传媒ACAA专家委员会.Photoshop CS2必修课堂.北京：人民邮电出版社,2007.

［2］锐艺视觉.Photoshop CS3从入门到精通.北京：中国青年出版社,2008.

［3］甘登岱.跟我学Photoshop 7.0中文版.北京：人民邮电出版社,2003.